도시 토양 가이드

: 현장 및 실험 실습 지침

The Urban Soil Guide

A Field and Lab Manual

저 자

Anna Paltseva

역 자

김계훈 · 김영남

(주)바이오사이언스출판

도시 토양 가이드
: 현장 및 실험 실습 지침

초판 인쇄: 2026년 3월 3일
초판 발행: 2026년 3월 10일
저　자: Anna Paltseva
역　자: 김계훈 · 김영남
발행인: 문정구
발행처: (주)바이오사이언스출판
본　사: 10860 경기도 파주시 탄현면 국화향길 10-56, 1동
서울사무소: 06569 서울특별시 서초구 도구로 115, 3층(방배동)
전　화: (02)581-4057~8
팩　스: (02)581-4059
이메일: biosciencepub11@hanmail.net
홈페이지: http://www.biobooks.co.kr
ISBN: 978-89-6824-184-0 (93520)
등록번호: 제22-3079호

값 28,000원

도시 토양 가이드

저자 서문

어릴 적 나는 자연 세계에 매료되어 있었다. 흙을 가지고 놀며 다양한 재료로 염료와 혼합물을 만드는 실험을 하며 많은 시간을 보냈던 기억이 난다. 그때 나의 든든한 조수이던 어린 시절 여자친구는, 항상 나의 '가상 교실'에 열정적으로 참여해주었다. 나는 그녀의 노력에 점수를 매기기도 했다! 그때 나는 흙에 대한 나의 열정이 결국 오늘날의 나를 만들어줄 줄은 상상도 못했다.

남부 러시아의 아름다운 시골집에서 자라며, 넓은 정원과 언덕 아래로 흐르는 개울을 곁에 두고 자연과 함께한 어린 시절은 내가 환경 문제의 중요성을 깊이 인식하게 만든 계기가 되었다. 이러한 관심은 생태학 분야의 전문 교육을 받도록 동기를 부여했고, 그 결과 러시아의 북캅카스 연방대학교에서 생태 및 자연관리 전공으로 첫 학위를 취득했다. 미국으로 이주한 뒤에는 뉴욕시립대학교 브루클린 칼리지에서 지구 및 환경과학 분야의 두 번째 학사 학위를 받았으며, 2019년에는 뉴욕시립대학교 대학원에서 지질학을 전공하여 지구 및 환경과학 박사 학위를 취득했다.

나의 연구는 납과 비소가 함유된 토양에서 재배된 채소를 섭취할 때 발생할 수 있는 오염 수준과 위험성을 이해하는 데 중점을 두고 있다. 교육자로서 나는 모든 연령대의 학생들에게 토양 건강이 영양가 있는 식품 재배, 건강한 생태계 유지, 그리고 무엇보다도 어린이를 유해 중금속 노출로부터 보호하는 데 중요한 역할을 한다는 사실을 가르치는 데 열정을 가지고 있다. 2014년부터 나는 뉴욕대학교(New York University), 뉴욕시립대학교 브루클린 칼리지(Brooklyn College of the City University of New York), 루이지애나대학교 라피엣 캠퍼스(University of Louisiana at Lafayette), 뉴욕 식물원(New York Botanical Garden), 브루클린 식물원(Brooklyn Botanic Garden) 등 여러 기관에서 다양한 학생들을 가르쳐 왔다.

2021년, 나는 루이지애나대학교 라피엣 캠퍼스(University of Louisiana at Lafayette)에 델타 도시 토양 연구소(The Delta Urban Soils Laboratory)를 설립하여 지역사회, 소규모 생산 농가, 그리고 정원사들에게 토양 검사 서비스와 비공식 교육을 제공하기 시작했다. 이후 2022년에는 미국 토양학회(Soil Science Society of America, SSSA)의 도시 및 인위토양 분과(Urban and Anthropogenic Soils Division)의 분과장으로 선출되었다. 그리고 2023년에는 나의 노력과 기여가 인정받아 SSSA 토양학 교육 및 보급상(Soil Science Education and Extension Award)을 수상하게 되었다.

여정은 계속되어 퍼듀대학교의 농학 및 원예·조경학 학과에서 임상 조교수(Clinical Assistant Professor)로 새롭게 합류하게 되었다. 이 직책은 나에게 토양 건강과 지속 가능한 농업 실천에 대한 연구를 확장하고, 미래 세대에게 교육적 영향력을 넓힐 수 있는 특별한 기회를 제공하였다. 이 가이드를 통해 나는 토양학을 누구나 쉽게 접근할 수 있도록 만들고자 한다. 또한 토양에서부터 변화를 만들어내고자 하는 열정을 가진 모든 이들을 위해서 이 책을 펴내고자 한다. 그러니 도시 토양의 비밀을 풀고 더 건강하고 지속 가능한 미래로 나아가는 이 흥미로운 여정에 함께해 주길 바란다!

서문

토양(*soil*)은 모든 생명이 시작되고 그들 삶의 끝에서 돌아가는 곳이다. 이상적인 토양은 고체인 유기물(5%)과 무기물(45%), 물(25%), 공기(25%)로 구성된 지구 표면의 역동적이지만 유한한 자원이다. 기후, 수문학적 특성, 모재(지질), 지형, 생물, 그리고 시간은 토양의 형성과 특성에 영향을 미친다. 토양 특성은 과거를 보여주는 창구일 뿐만 아니라, 미래 세대를 위해 이 제한된 천연자원을 어떻게 적절히 관리할 수 있고 관리해야 하는지에 대한 지표이기도 하다.

도시 토양(*urban soils*)은 도시 생태계의 중요한 구성 요소로서 인간 활동과 도시 토지 이용에 의해 형성된 토양을 의미한다. 이들은 다짐(compaction), 오염, 배수 체계, 유기물 함량 변화와 같은 요인으로 인해 독특한 특성을 나타낸다. 건물과 도로와 같은 도시 기반 시설과의 근접성도 그 특성에 영향을 미친다. 도시 토양은 물 정화와 조절, 탄소 저장, 생물다양성 및 시설물 유지(infrastructure maintenance)에 중요한 역할을 한다. 이러한 복잡성에도 불구하고, 도시 토양의 다원적 기능을 최적화하고 특정 도시 문제를 해결하기 위해서는 신중한 주의와 관리가 필요하다.

이 책 《도시 토양 가이드: 현장 및 실험 실습 지침》은 토양학을 처음 접하는 학생과 일반인을 위한 현장 및 실험실 실습, 교실, 가정 활동을 결합한 토양의 물리적 및 화학적 특성, 토양 생성과 수문학, 토양 생태학 및 생물학, 토양 관리, 그리고 도시 토양 오염과 같은 토양학의 모든 측면을 다룬다. 특히 이 책은 다른 책들이 강조하지 않는 도시적 측면에 중점을 둔다. 미국에서는 도시 농업(urban agriculture) 및 도시 정원 가꾸기(urban gardening)가 점점 확산되고 있으며, 인구의 80%가 현재 도시에 거주하고 있는 상황에서, 매년 도시 농업 참여자 수가 계속해서 증가하고 있다. 더욱이 코로나19 팬데믹은 도시 농업 활동에 뚜렷한 영향을 미쳐, 1,830만 명의 신규 도시 농업 인구가 생겨났으며, 이들 대부분은 밀레니얼 세대였다. 이와 함께 기존 도시 농업 인구의 42%가 팬데믹 동안 농업 활동에 투자하는 시간을 늘렸다. 현재 미국 가구의 약 55%가 도시 농업 활동에 참여하고 있으며, 그 중 29%는 밀레니얼 세대가 차지한다. 도시 농업 활동은 정신 건강(참가자의 49%)과 가족 유대(참가자의 35%)에 긍정적인 영향을 미치는 것으로 보고되었다. 또한 연간 평균 600달러 상당의 농산물을 생산하여 잠재적인 농산물 구매 비용을 절약할 수 있다. 자신의 식량을 직접 재배하는 경향도 뚜렷하게 나타나고 있어, 미국 가구의 약 35%가 과일, 채소 등 식용 작물을 재배하고 있으며,밀레니얼 세대와 자녀가 있는 가정에서 이 추세가 많이 증가하고 있다. 또한 어린이들이 채소 재배에 참여할 경우, 채소를 더 잘 먹게 되는 것으로 나타나, 식습관 개선에도 긍정적인 효과가 있다. 우리는 더 이상 우리 발 아래에 있는 것을 무시할 수 없으며, 모든 사람에게 토양을 검사하여 안전하고 성공적으로 도시 농업 활동을 할 수 있는 방법을 교육해야 한다.

높은 인구 밀도, 산업 생산, 그리고 물질 소비로 인해, 인류의 활동에서 비롯된 수많은 부산물이 역사적으로 도시 환경에 배출되어 왔다. 그 결과, 토양 오염은 도시 거주자들에게 심각한 건강 위험을 초래할 수 있으며, 특히 오염된 토양과 자주 접촉하는 정원사나 조경 전문가들에게 더욱 큰 영향을 미칠 수 있다. 하지만 우리는 토양을 직접 관리하고 그 질을 개선함으로써 안전하게 이용 가능한 환경을 만들 수 있다. 《도시 토양 가이드: 현장 및 실험 실습 지침》은 이러한 목표를 달성하는 방법을 제시하며, 학계의 지식을 일반인과 공유함으로써 전 세계에 긍정적인 영향을 줄 수 있는 길을 열어줄 것이라 기대한다.

도시 농업과 원예 활동의 가장 큰 제약 중 하나는 오랜 도시 활동의 유산인 토양 오염이다. 과거와 현재 도시에서의 인간 활동은 시민들, 특히 토양과 접촉하며 오염된 토양 입자를 섭취하거나 흡입할 수 있는 어린이들에게 상당한 건강 위험을 초래할 수 있다. 우리는 우리의 토양을 관리하고 그 질을 향상해, 어린이들이 안전하게 놀 수 있으며 건강한 식재료를 재배할 수 있는 환경을 만들 수 있다. 《도시 토양 가이드: 현장 및 실험 실습 지침》은 이러한 기반을 가정, 교실, 또는 지역 사회 정원에서 어떻게 실현할 수 있는지 보여준다. 당신의 정원을 위한 토양 주치의가 되어 보자! 토양을 검사하고, 진단하며, 치료하는 과정을 통해 건강한 도시 생태를 만들어 갈 수 있다.

이 책은 물리적, 화학적, 생물학적 특성의 세 가지 주요 범주로 구분된 20개의 실험 실습 활동으로 구성되어 있다. 각 실습 지침에는 필요한 준비물 목록과 토양 질을 평가하기 위한 검사 방법이 상세히 안내되어 있으며, 학생들은 모든 실험을 수행하거나 선택적으로 일부만 진행할 수도 있다. 또한 실험은 순서에 상관없이 자유롭게 진행할 수 있다. 모든 실험은 컬러 삽화와 단계별 설명이 포함되어 있어 스스로 따라 하기 쉽도록 구성되어 있다. 이 지침은 교실, 현장, 가정에서 활용 가능한 교육 도구로서, 교육을 능동적인 참여로 이끌고 문제 해결을 위한 실질적인 해법을 창출하는 역량을 길러주는 데 기여할 것이다.

이 지침의 개발 과정 전반에 걸쳐 귀중한 피드백과 통찰력 있는 제안을 제공해 준 존경하는 동료와 조언자들, Dr. Jean Louis Morel, Maxine Levin, Dr. John Galbrieth, Dr. Peter Groffman, Dr. Richard Shaw, Dr. Miriam Margala, Nora Goldstein, 그리고 내 제자 Dr. Joan Basile, Sarah Clinton, Donald Daedalus에 진심으로 감사드린다. 그들의 기여는 이 지침의 완성도와 활용도를 높이는 데 중요한 역할을 했다. 또한 이 지침의 초안을 만드는 데 일부 보조금을 지원해 준 CUNY 대학원 교육 및 학습 센터에도 감사드린다. 이 프로젝트의 수행에 다양한 측면에서 도움을 준 Suzanne Iannaccone과 그녀의 팀에게도 감사의 마음을 전한다.

특별히 나의 부모님 Aleksandr와 Valentina에 감사를 표한다. 그들은 내가 어린 시절 러시아의 우리 집 정원에서 농업을 깊이 이해하고, 토양을 가지고 일하는 즐거움을 알게 해주신 분들이다. 또한 사랑하는 언니 Ludmila와 소중한 친구 Jonathan Goldstein에게도 끊임없는 격려와 변함없는 지지에 대해 깊은 감사를 드린다. 이들의 응원은 내게 지속적인 영감의 원천이 되어주었다.

뉴욕, 뉴욕주, 미국
안나 팔체바

역자 서문

작년 여름 매일 수신하는 수많은 이메일을 기계적으로 훑어보던 중 눈을 번쩍 뜨게 하는 이메일이 있었다. 바로 The Urban Soil Guide 신간 홍보였다. e-book을 구매해 단숨에 독파했다.

UN은 1990년에 43%이던 전 세계 도시 인구가 2018년, 2030년, 2050년이 되면 각각 55%, 60%, 68%가 될 것으로 전망했다. 이 통계에서는 1990년, 2018년에 각각 74%, 81%이던 한국의 도시 인구가 2030년, 2050년에 각각 82%, 86%가 될 것으로 보았다. 이처럼 전 세계적으로 대다수의 인구가 도시에 거주하지만, 그동안 토양에 관한 연구/개발은 농경지/산림 같은 비도시 토양에 국한되었고, 도시 토양에 관한 연구 역사는 매우 짧다. 이러한 경향은 비단 우리나라뿐 아니라 토양 연구가 이미 상당 부분 잘 진행된 이 분야의 선도 국가에서도 마찬가지이다. 이 때문에 토양학자들조차 도시 토양을 terra incognita(미지의 땅, 미개척 영역)라 부른다. 이러한 괴리 때문에 도시 토양학은 토양학의 여러 분야 중 가장 늦게 출발했으나 가장 활발하게 연구가 이루어지는 분야이다.

도시 토양학의 한 분야가 도시 농업(텃밭 가꾸기)이다. 우리나라 도시 농업은 조선시대부터 이미 도성 내·외곽에서 텃밭(채소밭)을 가꾸는 전근대 자급형으로 시작하여, 일제강점기와 전시에는 생존형 도시 농업의 성격이 강했다. 1980~90년대에는 급격한 산업화와 도시화로 인해 녹지가 사라지고 환경문제가 심각해지자, 도시민 사이에서 텃밭 가꾸기·주말농장 문화가 확산했다. 이 시기의 도시 농업은 단순 식량 생산을 넘어 환경·생태·교육적 가치를 지향하기 시작했다. 2000년대는 도시 농업 확산기로, 2006년 이후 서울 · 부산 등 광역시 지자체가 도시 농업 정책을 시범적으로 도입하면서 제도화 움직임이 구체화했다. 2011년 「도시 농업의 육성 및 지원에 관한 법률」이 제정되면서 도시 농업은 국가 정책 과제로 자리 잡았다. 도시 농업 참여자 수는 2010년대 중반 이후 빠르게 증가하여 2019년 240만 명 이상까지 확대되었다. 도시 농업이 공동체 회복 · 환경교육 · 도시재생 · 치유농업 등 다기능적 가치로 강조되면서 사회 전반에 확산하면서 서울시는 2012년「서울형 도시 농업 마스터플랜」을 발표하며 선도적 역할을 수행하기에 이르렀다. 2019년 이후 도시 농업 면적과 참여자 수가 정체·감소세를 보이고 있으나 새로운 흐름으로 스마트팜형 도시 농업, 치유농업, 아열대 작물과 같은 기후변화 대응형 작물 재배 등이 대두되고 있다. 향후 도시 농업은 단순 취미형을 넘어 기후 위기 대응, 건강 · 복지, 탄소중립 도시정책과 결합하는 방향으로 재편될 전망이다. 간략히 살펴본 우리나라 도시 농업의 역사에서 알 수 있듯 우리나라 도시 농업은 작물 재배자, 환경운동가의 노력으로 발전해 왔다. 토양의 가장 기본적인 기능이 식물을 기계적으로 지지하면서 식물에 양분과 수분을 제공하는 일인데도 우리나라 도시 농업에 토양학자의 참여는 거의 없었다. 늦게나마 이 책 번역을 계기로 토양학자들의 도시 토양, 도시 농업 참여를 촉구한다. 몇 년 전 오랜만에 만난 지인의 "지나고 보니 농업에서 가장 중요한 것이 토양과 병충해 관리더라."라는 말이 아직도 머릿속을 맴돈다. 그 지인은 30여 년을 농촌진흥청에서 근무한 분이다.

이 책을 번역하도록 적극 응원해 주신 정성재 선생님, 이 번역본 출간을 흔쾌히 결정해 주신 ㈜바이오사이언스출판의 문정구 대표님, 좋은 책을 만들어 주신 홍수희 팀장님께 감사드린다.

천 리 길도 한 걸음부터다. 이제 한 걸음을 내디뎠으니 두 걸음, 세 걸음 걷다 보면 천리를 갈 수 있으리라.

2026년 2월

김계훈 · 김영남

역자 소개

김계훈 서울시립대학교 환경원예학과
세계토양학회연합 도시토양분과 위원장
(전)세계토양학회연합 부회장
(전)한국토양비료학회장

김영남 경북대학교 식물자원학과

서론: 도시 토양의 중요성 – 전 세계에서 지역 규모까지

도시 토양은 생명 유지, 생태계 기능 수행, 인간의 복지를 지원하는 데 있어 매우 중요한 역할을 한다. 이들의 중요성은 식량 생산, 기후 조절, 수자원 관리, 양분 순환, 생물다양성 보존, 문화유산 보존, 그리고 기반 시설 지원 등 다양한 측면에서 나타나며, 이는 전 세계적 차원은 물론 지역 사회 차원에서도 깊은 영향을 미친다.

도시 토양은 도시 농업 시스템의 기반으로 작용하며, 식물 생장에 필요한 필수 양분, 물 저장, 물리적 지지를 제공한다. 이는 지역에서 재배된 신선한 식품을 도시 공동체에 제공하며, 도시 농업을 지속 가능하게 유지하는 데 중요하다. 예를 들어, 옥상 정원과 커뮤니티 정원은 도시 토양을 이용하여 채소, 과일, 허브를 재배함으로써 식량 안보에 기여하고 지속 가능한 도시 농업 실천을 촉진한다.

도시 토양은 미생물, 곤충, 식물 등 다양한 생물종의 서식처를 제공하며, 영양분 순환, 분해 작용, 식물 생장 지원에 있어 핵심적인 역할을 수행한다. 건강한 토양을 가진 도시공원과 녹지 공간은 다양한 생물종에게 서식지를 제공하여 생물다양성을 촉진하고 생태계 기능을 향상한다. 예를 들어, 도시 토양은 나무의 생장을 가능하게 하며, 그 나무는 그늘을 제공하고 미적 아름다움을 더할 뿐만 아니라, 공기 질을 개선하고 도시 열섬 현상을 완화하는 역할을 한다.

도시 토양은 식물과 동물에서 유래한 유기 탄소를 저장함으로써 탄소 저장소로 기능하며, 이를 통해 대기 중 온실가스 농도를 낮추고 기후 조절에 기여한다. 도시 숲과 녹색 인프라는 탄소가 풍부한 토양을 통해 이산화탄소를 흡수함으로써 기후 변화 완화에 도움을 준다. 또한 도시 토양은 빗물 유출을 관리하는 데에도 효과적이며, 홍수 위험을 줄이고 도시의 기후 회복력을 강화하는 데 기여한다.

건강한 도시 토양은 우수한 물 보유 능력을 갖추고 있어 물을 흡수하고 저장할 수 있다. 이러한 도시 토양은 폭우의 영향을 완화하고 도시 지역의 지표면 유거와 홍수 위험을 줄이는 데 도움을 준다. 빗물 정원과 생태수로(bios wale)는 도시 토양을 활용하여 빗물을 포집하고 여과하며, 침투와 지하수 재충전을 촉진함으로써 수질을 개선한다.

도시 토양은 유기물과 질소와 인과 같은 양분의 저장소로 역할을 한다. 도시 퇴비화 프로그램은 매립지로 갈 유기성 폐기물을 이용하여 양분이 풍부한 퇴비를 생산하고, 이를 도시 토양에 투입하여 토양 비옥도를 향상하고 지속 가능한 양분 관리 활동을 촉진한다.

도시 토양은 미생물, 곤충, 지렁이, 식물 등 다양한 생물에 서식지를 제공하여 도시의 생물다양성 보존에 이바지한다. 도시공원 및 정원과 같은 도시 녹지 공간은 토착 식물과 동물에게 서식처를 제공하여 생물다양성을 보존하고 도시 거주자에게 자연과의 교감 및 교육의 기회를 제공한다.

도시 토양은 전통적인 농업 활동과 지식을 반영하는 문화적 및 역사적 중요성을 가지고 있다. 다양한 문화 공동체가 관리하는 도시 정원과 텃밭은 토지와의 문화적·사회적 연결성을 보여준다. 또한 오래된 도시 토양은 과거 문명, 고고학적 유적지, 문화유산에 대한 귀중한 통찰력을 제공하여 도시 역사 이해와 문화유산 보존에 이바지한다.

도시 토양은 건설, 교통, 기반 시설 개발의 견고한 기반을 제공하며, 건물, 도로, 다리 등 다양한 구조물을 지지할 수 있는 필수적인 공학적 특성을 갖추고 있다. 도시 토양의 적절한 조사와 평가를 통해 도시 기반 시설의 안정성과 수명을 보장할 수 있다.

전 세계적 관점으로 볼 때, 토양은 유한한 자원으로서 미래 세대를 위해 보호하고 지속 가능하게 관리해야 한다. 지역적 차원에서는 토양의 질이 농업 생산성, 환경 건강, 인간 삶의 질에 직접적인 영향을 미친다. 따라서 토양의 중요성을 인식하고 지속 가능한 토양 관리 방안을 도입함으로써, 도시는 보다 건강하고 회복력 있는 환경을 조성할 수 있다. 도시 토양에 대한 부정적인 영향을 완화하기 위해서는 다양한 관리 전략이 활용될 수 있다. 여기에는 지속 가능한 도시 계획 수립, 그린 인프라 도입, 도시 농업 활성화, 토양 복원 및 정화 프로그램과 같은 적절한 토양 관리 기술의 구현이 포함된다. 도시 토양의 질을 보존하고 향상함으로써 우리는 도시 생활의 전반적인 질을 향상할 수 있다.

다음은 도시 토양 서비스의 주요 내용을 정리한 표와 사진이다. 도시 토양은 다양한 생태적, 경제적, 사회적 기능을 제공하며, 이를 적절히 관리함으로써 도시 환경의 전반적인 질을 향상할 수 있다.

주요 도시 토양 서비스와 예

도시 토양 서비스	예
식량 생산	• 지역의 식품 재료를 제공하는 커뮤니티 정원, 옥상 정원, 도시 농업 프로젝트 • 식량 안보와 지속 가능한 식단 지원을 위한 과일, 채소, 허브 재배
녹지 공간 및 조경	• 도시의 미적 매력을 높이기 위한 공원, 정원, 녹지 공간 • 신체적 및 정신적 복지를 위한 놀이 공간 제공 • 소음 공해 감소 및 사회적 소통 촉진
빗물 관리 및 수질 여과	• 빗물을 흡수하고 여과하여 빗물 유거 관리 • 홍수와 토양 침식 방지 및 지하수 자원 재충전 • 빗물 및 폭우 유출수에서 오염 물질과 불순물 제거
기후 조절	• 지역 기후 조절 및 열섬 완화 • 극단적 온도 완화 및 미기후 영향
탄소 격리	• 유기물 흡수를 통해 이산화탄소(CO_2) 저장 • 퇴비화 촉진 및 온실가스 배출 감소
건축 기초 지지	• 건물 및 기반 시설에 안정적인 기초 제공 • 구조적 안정성 보장, 침하 방지 및 토양 침식 방지
건축 자재	• 도시 토양 중 점토 및 모래를 건축 자재로 사용 • 재활용 자재 사용으로 도시 외부에서 자재 유입 필요성 감소
생물다양성을 위한 서식지	• 미생물, 곤충, 식물을 위한 서식지 제공 • 도시 생물다양성 지원 및 생태적 균형 촉진
대기질 개선	• 도시 토양 위 식생이 대기 오염 물질 여과 및 포집 • 도시 지역의 대기 오염 수준 감소
소음 감소	• 음파를 흡수하고 반사하는 자연 장벽 역할 • 도시 환경의 소음 공해 감소
문화적 및 미적 가치	• 잘 관리된 토양의 식생에 의한 도시 지역의 시각적 매력 증진 • 야외 활동 및 자연과의 연결 기회 제공
교육 및 연구	• 토양 생태학 및 지속 가능한 활동을 연구하는 살아있는 실험실 역할 • 도시 농업 및 토양에서 일어나는 여러 과정에 대한 교육 및 연구 기회 제공
문화유산 보존	• 고고학적 유물과 문화유산을 포함한 역사적 도시 토양 • 지역의 역사와 유산을 이해하기 위한 토양 보존 및 연구

건축물 기반, 미국, 뉴욕시

빗물 관리, 미국, 시카고

녹지, 스위스, 루가노

식품 생산, 미국, 뉴욕시, Governor's island

생물다양성을 위한 서식지, 중국, 광저우

탄소 격리, 미국, 뉴욕시, Governor's island

고고학적 유적지, 이탈리아, 로마

교육 및 연구, 미국, 뉴욕시, 브루클린

문화적 및 미적 가치, 러시아, 퍄티고르스크

세계 각지의 도시 토양 서비스

참고문헌

Hazelton P, Murphy B (2021) Understanding Soils in Urban Environments. 2nd ed. CABI

Mayers K (2023) Gardening Statistics in 2023 (incl. Covid & Millennials). https://gardenpals.com/gardening-statistics/. Accessed June 18, 2023

Morel JL, Chenu C, Lorenz K (2015) Ecosystem services provided by soils of urban, industrial, traffc, mining, and military areas (SUITMAs). *Journal of Soils and Sediments*, 15(8), 1659-1666. https://doi.org/10.1007/s11368-014-0926-0

National Gardening Association (2014) Garden to Table: Special Report. https://garden.org/special/pdf/2014-NGA-Garden-to-Table.pdf. Accessed June 18, 2023

O'Riordan R, Davies J, Stevens C, Quinton JN, Boyko C (2021) The ecosystem services of urban soils: A review. *Geoderma*, 395. https://doi.org/10.1016/j.geoderma.2021.115076

Pouyat RV, Szlavecz K, Yesilonis ID, Groffman PM, Schwarz K (2010) Chemical, physical and biological charฃacteristics of urban soils. *Agronomy Monograph*, 55, 119-152. https://doi.org/10.2134/agronmonogr55.c

차 례

Part I
물리적 특성

토양의 생성 과정과 광물 구성

1

개요

제1장은 무기 또는 유기 모재로부터 토양이 생성되는 과정에 대한 이론적 배경에 초점을 맞추고 있다. 토양 생성 과정에는 첨가, 손실, 이동, 변형이 포함된다. 토양 생성에 영향을 미치는 요소로는 기후, 수문학적 특성, 지형, 모재, 시간, 생물체가 있으며, 도시 환경에서는 인간도 추가적인 요소로 작용한다. 실습 절차에는 광물과 암석에서 유래한 영양분을 확인하기 위한 손시료 분석과 현미경을 통한 광물 관찰이 포함된다. 또한 다양한 종류의 토양과 자갈을 현미경으로 관찰하여 모재로부터 유래된 광물의 존재 여부를 확인하고, 이후 다양한 토양과 모래를 비교·분석한다. 토양의 광물 구성은 그 지역 모재와 외부에서 유입된 물질의 영향을 받아 형성되며, 토성과 비옥도와 같은 토양 특성은 토양이 유래한 기반암의 종류에 따라 달라진다. 도시 토양은 생물의 서식지 제공, 양분 순환, 수질 정화, 대기와의 가스 교환 지원, 기반 시설의 기초 형성, 도시 텃밭 생산 지원 등 도시 생태계에서 중요한 역할을 한다.

목표 토양 내 무기물을 형성하는 다양한 암석과 광물을 분석한다.

이론적 배경

토양은 무기물과 유기물 기반의 모재가 오랜 시간 다양한 과정을 통해 생성된다. 토양 생성 과정에는 낙엽, 먼지, 공기 오염 물질, 퇴비 등의 물질이 더해지는 첨가(addition), 물에 의해 용탈되거나 지표면에서 침식되고 가스 형태로 배출되는 손실(loss), 물질이 용탈 작용에 의해 더 깊은 층으로 이동하거나, 증발하는 물에 의해 상층으로 재배치되

그림 1.1 잔적토로 생성되는 과정에 있는 편암 기반암의 풍화. 물리적, 화학적, 생물학적 과정이 기반암에 균열을 일으키고 있다.

며, 생물의 활동에 따라 다양한 방향으로 이동(translocation), 그리고 유기물 및 부식의 분해, 광물의 풍화, 화학 반응에 의한 변형(transformation)이 포함된다. 토양은 기반암에서 직접 형성되거나 기반암 위에 쌓인 퇴적물에서 형성될 수 있다(그림 1.1). 토양 형성에 영향을 미치는 주요 요인은 기후, 수문학적 특성, 지형, 모재, 시간, 생물체이며, 도시 환경에서는 인간 활동이 추가적인 요인으로 작용한다.

토양의 기본 구성 요소는 지구 표면의 단단한 암석과 부드러운 암석이 풍화(예: 동결/해빙, 바람, 물의 이동, 빙하의 작용)와 이동 과정을 거쳐 생성된다. 암석은 크게 세 가지 유형으로 나뉘는데, 이는 화성암, 퇴적암, 변성암이다. 화성암은 뜨거운 마그마 또는 용암이 식어서 굳어지면서 형성되며, 퇴적암은 다른 암석이나 퇴적물 조각의 다짐 또는 화학적 침전물이 굳어져 변하는 과정에서 형성된다. 변성암은 열과 압력에 의해 기존 암석이 새로운 광물로 변형되어 형성된다. 식물은 토양 내부나 표면에서 유기물(예: 뿌리, 잎, 가지)을 생성한다. 식물 생장과 풍화작용은 대개 동시에 발생하며, 이 과정에서 식물 뿌리가 배출한 이산화탄소는 토양 내 물과 결합하여 탄산을 형성한다. 이 탄산은 화학적 풍화를 가속하여 식물 생장에 필수적인 원소를 녹을 수 있는 상태로 만든다. 토양은 매우 천천히 형성되며, 기반암에서 1 cm의 토양이 형성되는데 수백~수천 년이 소요될 수 있다.

토양은 도시 생태계에서 생물 서식지 제공, 양분 순환, 물 정화, 대기와의 가스 교환 지원, 기반 시설의 기초 형성, 도시 농업 지원과 같은 매우 중요한 구실을 한다(그림 1.2). 그러나 도시 지역의 토지 이용 방식은 토양 생성 과정에 큰 영향을 미친다. 도시 개발 과정에서 표토가 제거되면 양분이 풍부한 층이 사라져 자연적인 토양 생성이 방해받는다. 건설 활동으로 인한 토양 다짐은 공극을 감소시키고 공기, 물, 뿌리의 이동을 방해하여 토양 발달을 저해한다. 다른 성질을 가진 충전재를 도입하면 토양 조성이 변화되어 자연적인 생성 과정을 지원할 수 있는 능력이 손상된다. 또한 재, 회반죽, 건축 폐기물(예: 벽돌, 아스팔트, 콘크리트)과 같은 인공 물질에서 토양이 생성되기도 하지만, 산업 활동이나 부적절한 폐기물 처리는 토양 생성을 더욱 방해한다. 도시 지역의 배수 패턴과 수문학적 조건 변화는 토양 내 수분 수준과 물 가용성을 변화시켜 토양 생성 과정에 영향을 미친다. 이러한 인위적인 영향이 누적되면 도시 토양의 특성이 변화되고, 비옥도가 낮아지며, 식생을 유지하고 지원하는 능력이 점차 약화된다.

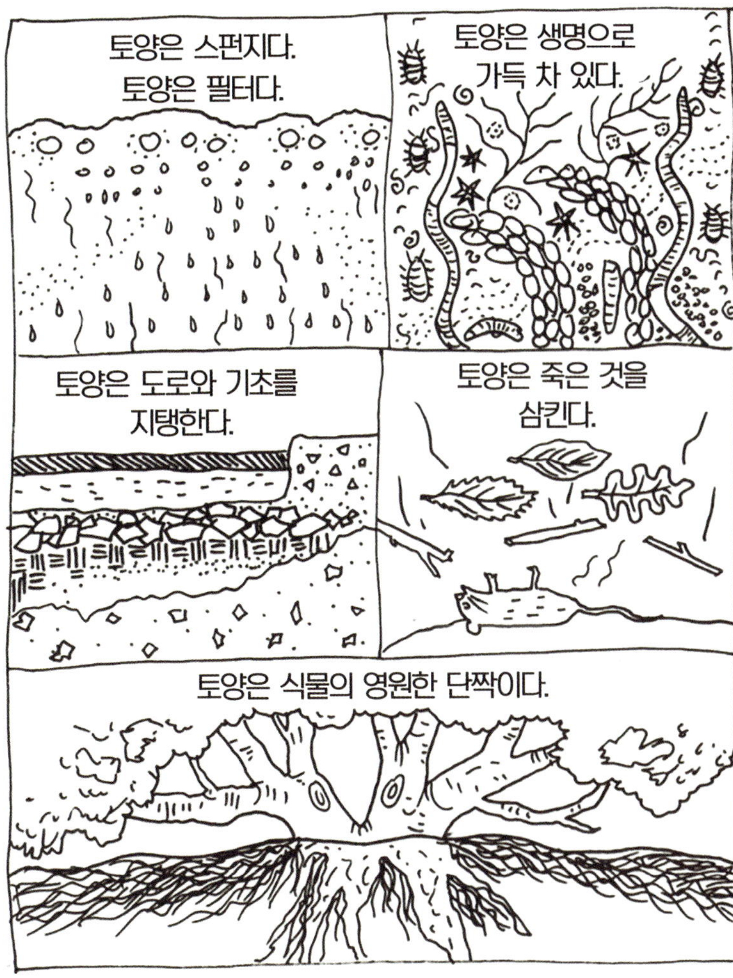

그림 1.2 도시 토양의 생태적 기능

현미경 관찰 지침

우선, 가장 낮은 배율을 사용하여 각 토양 표본을 관찰하며 세부적인 관찰 기록을 작성한다. 현미경의 조동나사와 미동나사를 이용하여 표본의 모든 부분을 확인한다. 낮은 배율에서 표본 관찰을 마친 후, 차례로 중간 배율과 고배율로 변경하여 추가적인 세부 사항을 확인한다. 표본을 관찰하는 동안 다음 질문을 고려한다.

입자 크기와 분포

무기 입자는 크기에 따라 모래, 미사, 점토로 분류된다. 입자는 상대적으로 크기가 일정한가? 혹은 현저하게 다른가? 만약 크기가 다르다면 무기 입자들은 크기가 가장 작은 것부터 가장 큰 것까지 고르게 분포하나? 아니면 입자 중 몇 가지 크기들만 눈에 보이나? 입자들은 따로 떨어진 것으로 보이나? 아니면 작은 입자들로 구성된 입단인가?

입자 구조

입자의 질감과 모양을 관찰한다. 입자가 매끄러운가, 거친가? 구형인가, 길쭉한가? 결정형(결정 형태를 띠거나 결정을 포함)인가, 비결정형(형태가 없는)인가? 입자의 크기와 외형 사이에 어떤 상관관계가 있는지 확인한다. 예를 들어, 가장 작은 입자가 거칠고 들쭉날쭉하지만, 더 큰 입자는 매끄럽게 보이는지 살펴본다.

입자 색상

입자의 색상은 무엇인가? 입자가 투명한가, 반투명한가, 불투명한가? 입자의 크기나 구조와 색상 사이에 어떤 상관관계가 있나? 개별 입자는 균일한 색상을 가지고 있는가, 아니면 입자 내에서 색이 서로 다른가?

유기물

표본에 자연적 또는 인공적인 유기물이 포함되어 있는지 확인한다. 만약 유기물이 있다면, 필요한 경우 고배율을 사용하여 세밀하게 관찰하고 가능한 한 상세하게 그 특성을 기록한다.

실습

소요 시간: 1시간

난이도: 쉬움

장소: 강의실, 실험실, 가정

준비물

- 입체 현미경
- 암석/광물 표본
- 크기가 다른 토양 입자

절차

1. 손바닥에 올려놓고 본 다양한 암석 표본(hand specimen)과 현미경으로 관찰한 광물을 비교한다. 이러한 광물과 암석에서 유래하는 영양소를 온라인 자료나 교과서를 참조하여 확인한다. 몇 가지 예를 해석에 수록하였다.

광물/암석 명	광물/화학식	표본/거시적 설명	현미경 표본	영양소
모암				
화강암(*Granite*) 	석영, K-Ca-Na-장석, 운모, 각섬석, 휘석, 자철석			
석회암(*Limestone*) 	방해석, 아라고나이트			
사암(*Sandstone*) 	석영, K-Ca-Na-장석			
편암(*Schist*)/ 편마암(*gneiss*) 	석영, K-Ca-Na-장석, 운모, 각섬석, 휘석, 석류석, 자철석, 황철석, 황동석, 흑연			
대리석(*Marble*) 	방해석, 백운석			

(계속)

광물/암석 명	광물/화학식	표본/거시적 설명	현미경 표본	영양소
광물				
석영(*Quartz*) 	SiO_2			
K-Ca-Na 장석 (*K-Ca-Na feldspar*) 	$KAlSi_3O_8 - NaAlSi_3O_8 - CaAl_2Si_2O$			
운모(*Micas*): 흑운모(*Biotite*), 백운모(*Muscovite*) 	$K(Mg,Fe^{++})_3$ $[AlSi_3O_{10}(OH,F)_2$; $KAl_2(AlSi_3O_{10})(F,OH)_2$			
각섬석(*Amphiboles*), 휘석(*Pyroxenes*) 	$Mg_7Si_8O_{22}(OH)_2^-$ $Fe_7Si_8O_{22}(OH)_2^-$ $Ca_7Si_8O_{22}(OH)_2$; $(Ca,Mg,Fe)_2Si_2O_6$			
석류석(*Garnets*), 규선석(*Sillimanite*), 남정석(*Kyanite*) 	$(Fe^{2+}, Ca^{2+}, Mg^{2+}, Mn^{2+})_3(Fe^{3+}, Al^{3+}, Cr^{3+})_2(SiO_4)_3$; Al_2SiO_5,			
방해석(*Calcite*) 	$CaCO_3$			
황화물(*Sulfides*): 황동석 (*Chalcopyrite*), 황철석(*Pyrite*) 	$CuFeS_2$; FeS_2			

광물/암석 명	광물/화학식	표본/거시적 설명	현미경 표본	영양소
철산화물(*Fe oxides*): 갈철광(*Limonite*), 자철광(*Magnetite*), 적철광(*Hematite*) 	$FeO(OH) \cdot nH_2O$; $Fe^{2+}Fe^{3+}{}_2O_4$; Fe_2O_3			
기타 광물				

2. 현미경으로 다양한 종류의 토양과 자갈을 관찰하고 관찰한 내용을 기술한다. 토성 분류의 정의는 4장을 참고한다. 모암을 기준으로 각 시료에 포함된 광물을 조사하고 나열한다.

   이 실습에는 몇 개의 입자만 사용하면 된다. 시료에 물을 몇 방울 떨어뜨리면서 변화가 있는지 확인한다.

   다양한 토양과 모래를 비교하며 조사한다.

명칭	설명(외관 및 존재하는 모든 물질 또는 광물 포함)
자갈(Gravel till)	
조사(Coarse sand)	
중사(Medium sand)	
사양토(Sandy loam)	
양토(Loam)	
미사질 양토(Silt loam)	
식양토(Clay loam)	

해석

토양의 광물 조성은 지역에 존재하는 모재(암석 및 광물)(그림 1.3)와 빙하, 강, 바람, 유거수 등에 의해 운반된 물질의 산물이다(그림 1.4). 토성과 비옥도 같은 토양의 특성은 그 기원이 되는 모암의 종류에 따라 달라진다.

그림 1.3 현미경 관찰을 통해 확인된 해양 및 화산 기원의 다양한 퇴적물은 토양에 다양한 양분을 공급하여, 비옥도와 pH 등 화학적 특성에 영향을 미친다.

그림 1.4 바람과 강에 의해 운반된 퇴적물은 이후 새롭게 형성된 토양 단면의 모재가 된다.

- 화강암(Granite): 조립질 화성암인 화강암은 일반적으로 산성을 띠며, 석영, 운모, 장석 등의 광물로 구성되어 있다. 이 중 장석은 풍화 과정에서 모래 및 미사 크기의 입자로 토양에 흔히 나타나며, 화학적 풍화를 거쳐 점토 광물로 변할 수 있다.

- 사암(Sandstone): 주로 석영으로 구성된 모래 입자가 결합하여 형성된 퇴적암으로 풍화에 매우 강한 특성을 지니며, 석영은 토양에서 흔히 발견된다. 반면, 석회암(Limestone)은 용액에서 탄산칼슘($CaCO_3$, 방해석)으로 침전되어 형성되며, 토양의 pH를 높이고 칼슘을 풍부하게 공급하는 역할을 한다. 이 두 암석은 모두 퇴적암에 속한다.
- 편마암(Gneiss): 석영, 장석, 운모, 휘석 등 다양한 광물로 구성된 변성암으로, 이러한 광물 성분은 토양의 화학적 특성과 영양분 함량에 중요한 영향을 미친다. 휘석은 어두운 녹색에서 검은색을 띠는 광물로, 풍화되면서 토양에 칼슘, 마그네슘, 철을 풍부하게 공급한다. 운모는 칼륨, 마그네슘, 철을 제공하며, 풍화 과정을 통해 점토와 같은 이차 광물의 형성에 기여한다. 특히 밝은색의 백운모(muscovite)는 풍화에 매우 강하며, 토양 내에서 반짝이는 조각 형태로 쉽게 관찰된다.
- 대리석(Marble): 지구 내부의 열과 압력에 의해 석회암이 재결정되어 형성된 변성암이다. 석회암과 마찬가지로 대리석은 탄산칼슘을 함유하여 토양의 pH를 높인다.

토양에 영향을 주는 주요 광물은 다음과 같다.

- 적철석(Hematite): 철 함유 광물의 풍화산물로 토양에서 흔히 발견되며, 이 광물은 토양이 붉은색이나 적갈색을 띠게 하는 주요 원인이다.
- 석고(Gypsum): 지표 및 지하 광상에서 흔히 발견되는 일반적인 광물로, 식물에 칼슘과 황을 공급할 수 있다. 또한 특정 조건에서는 토양의 특성을 개선하는 데 활용될 수 있으며, 결정체 또는 암석 형태로 존재한다.
- 황철석(Pyrite): 화성암, 퇴적암, 변성암 등 세 가지 암석 유형 모두에서 발견되며, 공기와 접촉하면 산성 광산 배수를 유발할 수 있다. 토양 내에서 분해될 경우 철과 황을 방출하며, 이로 인해 토양의 pH가 낮아진다.

철과 마그네슘이 풍부한 암석은 풍화가 쉽게 되는 반면, 규소, 알루미늄, 나트륨이 풍부한 암석은 풍화가 잘되지 않는다. 광물 결정의 크기도 풍화에 영향을 미치는데, 큰 결정을 가진 암석인 반려암(화성암), 역암(퇴적암), 편암(변성암)은 작은 결정을 가진 암석인 현무암(화성암), 이암(퇴적암), 점판암 또는 편마암(변성암)보다 더 쉽게 풍화된다. 결정이 작은 세립질 암석(현무암, 이암)은 풍화되어 미사와 점토가 풍부한 토양으로 변하는 반면, 조립질 암석(화강암, 사암)은 모래질 토양 물질로 풍화된다.

질문

1. 암석과 광물이 토양 형성에 중요한 이유와 풍화되는 과정에 대해 설명하시오.

2. 토양 시료 중 관찰되는 암석과 광물의 종류는 무엇이며, 이것이 토양의 질에 미치는 영향에 대해 설명하시오.

3. 도시 농업에 가장 적합한 토성과 그 이유에 대해 설명하시오. 토성에 대한 내용은 제 4장을 참조하시오.

참고문헌

Shaw RK, Reinhardt L, Isleib J. A field guide to describing soils in NYC. USDA-NRCS NYC Soil Survey. http://www.soilandwater.nyc/uploads/7/7/6/5/7765286/soils_field_guide.pdf Accessed June 18, 2023

Foth HD. A study of soil science. LaMotte. https://lamotte.com/a-study-of-soil-science-1530 Accessed June 30, 2023

Lindbo DL, Kozlowski DA, Robinson C (2012) Know soil, know life. Madison, Wis: Soil Science Society of America

Brady NC, Weil RR (2016) The nature and properties of soils. 15th ed., Pearson

토양 단면 2

개요

제2장은 토양 단면의 구조와 형성 과정을 이해하고 토양학 분야에서 사용하는 전문 용어를 익히는 것을 목표로 한다. 우리는 토양 구덩이를 파고 다양한 층위/토층을 관찰함으로써 토양을 다양한 용도로 분류하고 해석할 수 있다. O, A, B, C, E와 같은 대문자로 표시된 토양층은 주 토층을 나타내며, 이러한 주 토층을 세분하기 위해 소문자가 사용된다. 그러나 도시 토양은 자연 토양의 생성 인자와 반드시 관련되지는 않을 수 있으며, 준설물이나 매립물, 다양한 혼합물의 퇴적으로 형성된 인공적인 층일 수도 있다. 이번 실습 활동에서는 삽과 테이프를 사용하여 토양 단면을 다양한 층으로 구분하고, 각 층에서 토양을 채취하는 것이 필요하다. 색상, 입자 크기, 구조, 두께와 같은 토양의 물리적 특성은 쉽게 관찰할 수 있지만, 화학적 성질이나 광물질 함량과 같은 다른 특성은 실험실 분석이 필요하다. 이번 실습을 통해 토양의 생성 과정과 다양한 토양 유형에 영향을 미치는 인자들을 이해하고, 도시 토양 형성에 있어 인간 활동이 미치는 영향도 학습한다.

목표 토양의 깊이에 따른 특성의 변화를 탐구하고, 이를 통해 토양학 분야에서 사용되는 전문 용어에 대한 이해도를 높인다.

이론적 배경

토양 구덩이나 도로 절단면을 관찰하면, 토양이 형성되는 과정에서 생긴 다양한 층들을 명확하게 확인할 수 있는데, 이를 토양 층위(*soil horizon*)라고 한다. 이러한 층의 배열을 토양 단면(*soil profile*)이라 부르며(**그림 2.1**, **2.2**, **2.3**, **2.4**), 토양학자는 토양 단면과 토양 층위를 관찰하고 분석함으로써, 다양한 목적에 맞게 토양을 분류하고 해석한다.

그림 2.1 도시 토양 단면의 예

그림 2.2 러시아 모스크바 도시 농업지역의 토양 단면

그림 2.3 미국 플로리다주 세인트피터즈버그 커뮤니티 정원의 도시 토양 단면. 이 층들은 주로 양분이 부족한 모래로 구성되어 있으며, 이러한 토층의 생산성을 높이기 위해 상층에 유기물을 투입하였다.

그림 2.4 브라질 포르투벨류에서 공사 중인 도로의 도시 토양 단면

토양학자들은 주요 층(주 토층)을 표시하기 위해 대문자 O, A, B, C, E를 사용하며, 주 토층을 세분하기 위해 보조 토층을 나타내는 소문자를 사용한다. 대부분의 토양에는 표층 또는 표토(A), 심토(B), 그리고 모재층(C)의 세 가지 주요 층이 있다. 일부 토양에는 표면에 유기물층(O)이 형성되지만, 토양 퇴적이나 인위적 교란 등에 의해 이 층이 매

몰되는 경우도 있다. 주 토층 중 E층은 광물의 손실(용탈, eluviation)이 뚜렷한 심층을 나타낸다. 토양이 아닌 단단한 기반암은 R층으로 표시된다.

O층: 주로 신선하거나 분해 중인 식물 잔해로 구성되어 있으며, 어두운 색(검은색 또는 갈색)을 띠고, 삼림 지역이나 추운 지역, 습한 지역에서 흔히 발견된다.

A층: 표토로 주로 무기물로 이루어져 있으며, 유기물과 부식이 축적되지만, 철, 점토, 알루미늄 등의 성분이 용탈(eluviation)되어 빠져나가는 특징을 가진다.

E층: 용탈층(eluvial horizon)은 철, 알루미늄, 점토, 부식 등의 성분이 아래층으로 빠져나가는 층으로, 삼림 지역에서 흔히 나타나며, 상층과 하층보다 더 희거나 밝은색을 띤다.

B층: 심토로 위 층에서 빠져나온 철, 점토, 알루미늄이 쌓이는(집적되는, illuviation) 층이다.

C층: 모재층으로 B층 아래에 있으며, 부분적으로 풍화되거나 분해된 모재로 이루어진다.

R층: 다양한 깊이에 위치한 기반암으로 구성된다.

도시 토양의 층은 자연 토양 생성 인자와 반드시 관련되지는 않을 수 있으며, 준설물, 매립물 또는 혼합 재료의 퇴적으로 생성된 인공 층일 수 있다. 이와 같은 도시 토양에는 벽돌, 병, 콘크리트 조각, 플라스틱, 유리, 살충제, 석유 제품, 오염 물질, 쓰레기, 일회용 기저귀 등 인간이 만들어낸 인공물이 종종 포함된다. 인공 재료는 성토 작업, 도랑이나 기초 벽의 채움, 둑의 축조 등을 위해 추가될 수 있다. 도시 지역에서는 바람, 물, 얼음, 중력, 열과 같은 자연 요인보다 인간의 활동이 토양 형성에 더 큰 영향을 미치는 주요 인자로 작용하는 경우가 많다.

현장 실습

소요 시간: 45분

난이도: 쉬움

장소: 야외, 교실, 가정

준비물

- 삽
- 테이프

절차

1. 다양한 토층을 관찰할 수 있도록 가능한 깊이까지 토양 구덩이를 판다.

2. 아래 용지에 2 cm 길이의 양면테이프를 짧게 붙인다. 다양한 폭의 양면테이프 이용이 가능하다.
3. 해당 깊이의 토양을 용지의 상단에서 하단까지, 양면테이프가 완전히 덮일 때까지 고르게 뿌린다.
4. 토양을 양면테이프 위에 가볍게 눌러 붙인다.
5. 식물과 토양의 관계를 학습하기 위해 토양 유형과 함께 일부 지표면 식생도 함께 채취할 수 있다.

A층의 깊이에 따라 침식의 심각도를 시각적으로 표현하거나, 다양한 지역에서 발견되는 여러 종류의 토양을 비교해 보여줄 수 있다. 더 큰 용지나 포스터에 양면테이프를 활용하면 언덕 경사면이나 다양한 경관에서 채취한 여러 종류의 토양을 효과적으로 비교하고 관찰할 수 있다.

결과

토양 명/ID ______________________

위치/기술 ______________________

총 깊이

A	0 cm	
	30 cm	
	60 cm	
B		
	90 cm	
	120 cm	
C		
	150 cm	
	180 cm	

http://soils.usda.gov

토양 명/ID ____________________	
위치/기술 ____________________	
총 깊이	
A	0 cm
	30 cm
	60 cm
B	
	90 cm
	120 cm
C	
	150 cm
	180 cm

http://soils.usda.gov

토양 명/ID ______________________________

위치/기술 ______________________________

총 깊이

A 0 cm

30 cm

60 cm

B

90 cm

120 cm

C

150 cm

180 cm

http://soils.usda.gov

해석

토층은 색상, 입자 크기, 구조, 깊이 등 육안으로 확인 가능한 토양의 물리적 특성에 따라 구분된다. 반면 화학적 그리고 광물학적 함량, 결지성, pH와 같은 특성은 현장에서 즉시 확인하기 어렵기 때문에 정밀한 실험실 분석이 필요하다. 대부분 기후에서 물은 토양을 통과하면서 점토와 같은 매우 작은 크기의 광물 입자를 운반한다. 점토 입자는 표토층에서 아래로 이동하여 심토층에 퇴적되는 경향이 있다. 이로 인해 심토층은 점토 함량이 증가하며, 표토층보다 더 많은 점토를 함유하게 된다.

도시 토양은 인간의 활동에 의해 어느 정도 상태가 바뀌었기 때문에 자연 토양과 다른 특성을 지닌다. 도시 토양은 굴착, 다짐, 교란, 혼합되어 더 이상 자연 토양의 특성과 모습을 가지지 않을 수 있다. 도시 지역이나 건설 현장에서 심하게 교란된 토양은 토양 생성 인자가 크게 변화되어, 뚜렷한 토양 단면이 형성될 만큼 충분한 시간이 경과하지 않은 경우가 많다. 건설 현장에서 가장 흔히 사용되는 성토 재료는 표토(상층토)없이 심토 재료만으로 구성된 모래 성토재이다. 성토재를 동일한 위치에서 50년 이상 유지할 경우, A층이 형성되고 때로는 약하게 구분되는 최대 8개의 토층이 생성된 사례가 보고된 바 있다.

질문

1. 토양 단면에서 관찰되는 주요 토층의 수를 제시하고, 이들 토층이 점진적 또는 급진적으로 분화되었는지 판별하시오.

2. 토양 단면 중 유기물 또는 부식의 양이 얼마나 존재하는지 설명하시오.

3. 토양 단면의 주요 색은 무엇인지 설명하시오.

4. 토양 단면 내 형성된 식물 뿌리의 깊이를 측정하시오.

5. 지하수위 또는 기반암이 형성된 토양의 깊이를 제시하시오.

참고문헌

Scheyer JM, Hipple KW (2005) Urban Soil Primer. USDA NRCS, National Soil Survey Center, Lincoln, Nebraska

USDA NRCS. A soil profile. https://www.nrcs.usda.gov/resources/education-and-teaching-materials/a-soil-profile Accessed 12 April 2023

토양의 색과 냄새 3

개요

제3장은 토양 식별에 있어 색의 중요성을 중심으로, 색을 통해 토양의 특성과 형성 과정을 파악하는 방법을 다루며, 실험실 실습과 현장 실습의 두 부분으로 구성된다. 실험실 실습에서는 Munsell 토색첩을 이용하여 토양 시료의 색상, 명도 및 채도를 식별한다. 또한 토양의 주요 색상뿐만 아니라 줄무늬나 반점의 존재 여부, 그들의 풍부도, 크기, 그리고 주변과의 색 대비 등 시각적 특성에 대해서도 다룬다. 마지막으로 토양 시료의 냄새를 식별하여 토양의 화학적 특성을 파악한다. 현장 실습에서는 토양 구덩이를 파서 계절적으로 지하수위가 가장 높아지는 깊이를 추정한다. 이를 위하여 토양에서 산화 환원 특징이나 주요 회색 토양을 찾고, 식생 및 수문학적 지표와 같은 다양한 현장 특성을 함께 조사한다. 이 실습 활동은 수행이 간편하며, 교실, 실험실 또는 야외 등 다양한 환경에서 최소한의 준비물만으로도 진행할 수 있어 토양학 교육에 효과적으로 활용될 수 있다.

목표 토양의 색과 냄새와 같은 기본적인 물리적 특성을 측정한다.

이론적 배경

토색(*color*)은 토양 및 토양 단면을 식별하는 데 널리 사용된다. 토색은 모재, 유기물 및 부식의 유형과 함량, 철(Fe) 및 망간(Mn) 화합물, 토양 생성 과정, 토양의 수분 상태 등을 나타낸다. 토색은 토양 온도에도 영향을 미치는데, 어두운 토양은 더 많은 태양 복사 에너지를 흡수한다.

유기물과 부식은 토양을 어둡게 만들며, 그 함량과 분해 정도에 따라 검은색, 흑갈색 또는 회색 토양을 만든다(**그림 3.1**). 유기물 분해 단계에 따라 토색은 갈색에서 검은색으로 변한다. 유기물 분해의 최종 단계인 부식은 일반적으로 검은색, 짙은 갈색 또는 짙은 회색이다.

철(*Fe*)은 존재하는 광물 유형에 따라 토양에 **갈색**, **노란색**, **붉은색**을 띠게 한다. 철은 습한 토양에서는 **푸른색**이나 **녹색**으로 변할 수 있다.

- **붉은색**: 철이 산화되었으나 수화되지는 않은 상태.
- **노란색**: 수화되고 때로는 산화가 덜 된 상태.
- **회색**: 습기와 산소 부족으로 인한 환원 반응이 일어난 상태.

그림 3.1 다양한 토색

망간(*Mn*)은 일반적으로 매우 어둡거나 **자주빛** 검은색 반점 또는 얼룩 형태의 망간 산화물로 토양에서 발견된다. 녹색 모래에 흔한 해록석(*glauconite*)은 토양을 **녹색**으로 만들고, 방해석(*calcite*)은 건조 지역의 토양을 **하얗게** 만든다.

토양학자들은 먼셀 토색첩(*Munsell Soil Color Book*, **그림 3.2**)을 사용하여 토색을 식별하는데 이때 세 가지 변수(색상, 명도, 채도)를 고려한다.

- **색상(Hue)**: 색의 스펙트럼 구성을 나타내며, 숫자-문자 순서로 표시된다. 예를 들어, 7.5YR 또는 10R에서 'YR'은 노란색이 섞인 빨간색을, 'R'은 순수한 빨간색을 의미한다.
- **명도(Value)**: 색상의 밝기 또는 어둡기를 나타내며, 색의 흑백 정도를 의미한다. 명도는 0에서 10까지의 숫자로 표시되며, 0은 완전한 검은색, 이후의 숫자는 더 밝은색을 나타내며, 10은 완전한 흰색을 나타낸다. 예를 들어, 밝은 갈색과 어두운 갈색은 각각 높은 명도와 낮은 명도의 예시가 된다.
- **채도(Chroma)**: 주 토색의 순도(색의 포화도)를 나타내며, 숫자로 표시된다. 낮은 채도는 탁한 색을 의미하고, 높은 채도는 선명한 색을 의미한다.

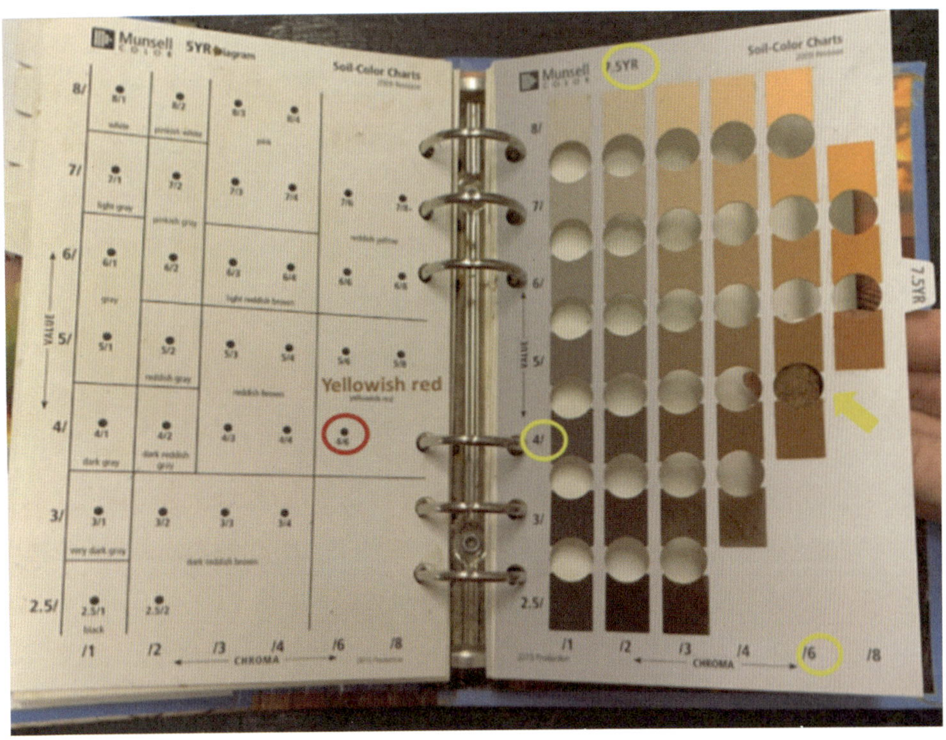

그림 3.2 먼셀 토색첩과 토색 식별 예시

그림 3.3 주토색이 갈색인 토양에 나타난 산화·환원 특징

부 토층은 줄무늬, 점, 반점 등의 형태로 여러 색깔을 가질 수 있으며, 이는 습한 조건을 나타낼 수 있다. 이러한 현상을 "산화·환원 특징(redoximorphic feature)"이라고 하며, 이는 준습지 상태에서 물로 포화된 상태와 불포화 상태가 반복되면서 철과 망간의 산화물과 환원물이 혼합되어 있는 토양의 형상이다(**그림 3.3**).

산화·환원 특징은 혐기성 상태(산소 부족)의 지속 기간을 나타낼 수 있으며, 약간의 연한 반문(mottle)이 있는 갈색에서 완전히 회색이 되는 습한 조건까지 다양하다. 일반적으로 토양이 회색으로 변하는 깊이는 계절적으로 지하수위가 상승하는 범위로 해석된다(**그림 3.5**). 이러한 토양은 표층 바로 아래에 주로 갈색이나 노란색 반문이 있는 회색으로 나타나며, 이를 수화토(水化土, hydric soil)라고 한다.

토양 냄새의 의미

우리가 맡는 것은 토양 그 자체의 냄새가 아니라, 방선균(*Actinomycetes*)과 남조류(*Cyanobacteria*)의 대사 과정에서 생산하는 독특한 토양의 맛과 향을 가진 유기화합물인 지오스민을 통해 토양 냄새를 맡는 것이다. 토양의 냄새는 토양의 위치에 따라 다를 수 있다.

- 신선하고 깨끗하며 쾌적한 냄새가 나거나 거의 냄새가 나지 않는 토양은 일반적으로 건강하고 생산적인 상태를 나타낸다.
- 암모니아 같은 냄새나 썩은 냄새는 배수 불량이나 토양 내 산소 부족을 나타낸다.

- 시큼하거나 금속성, 또는 '주방 세제'와 유사한 냄새가 나는 토양은 일반적으로 토양 기능이 저하된 상태를 나타내며, 토양 생물상이 불균형 상태에 있음을 시사한다.

실험실 실습

소요 시간: 30분

난이도: 쉬움

장소: 야외, 교실, 실험실, 가정

준비물

- 먼셀 토색첩
- 삽
- 토양 시료

절차

먼셀 토색첩이 없는 경우, 토양 시료의 색상을 눈대중으로 판단하거나 휴대전화 앱을 사용하여 색상을 식별할 수 있다.

1. 삽을 사용하여 토양 시료를 채취한다.

시료 명	색상, 명도, 채도	토색

2. 이 실습의 토양 시료나 현장 실습 시 토층에 대하여 주요 토색과 줄이나 점 모양을 적는다. 줄이나 점 모양의 풍부도(abundance, 그림 3.4), 크기, 대비(contrast)를 기술한다.

   풍부도(전체 면적 대비)

   거의 없음: <2%

   보통: 2~20%

   많음: >20%

크기

고움: < 5 mm

중간: 5~15 mm

거침: > 15 mm

대비

흐림: 구별이 어려움

뚜렷함: 쉽게 보임

두드러짐: 눈에 띔

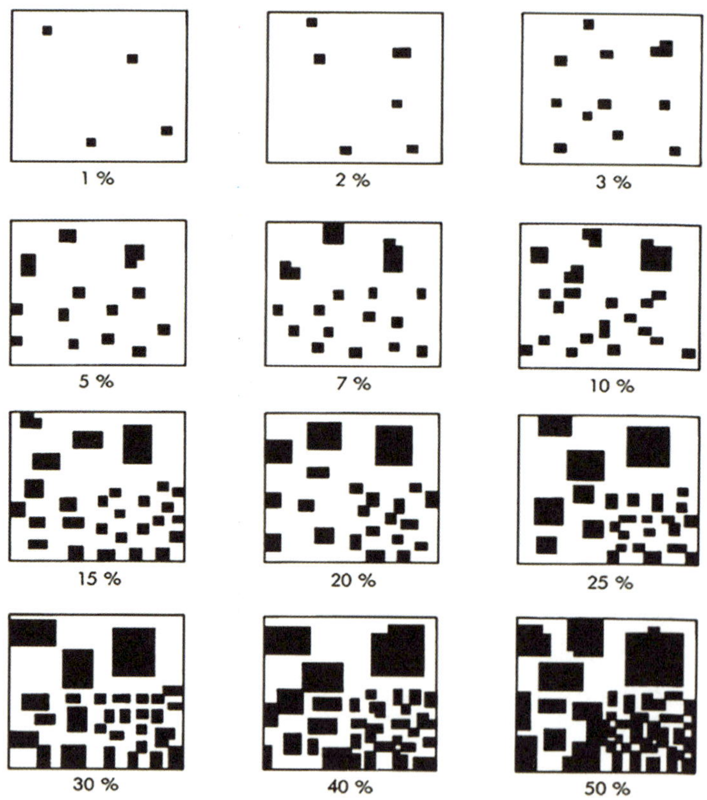

그림 3.4 반문 및 석력(거친 입자)의 비율을 추정하기 위한 도표로 각 정사각형의 1/4은 같은 양의 검은색을 가짐; Folk (1951)에서 인용

3. 토양의 냄새 유형을 다음 중에서 고르시오. (달콤한, 구수한, 썩은, 시큼한, 금속성, 냄새 없음)

현장 실습

계절적 최고 지하수위 깊이 추정

우선, 최대로 가능한 깊이까지 토양 구덩이를 파고 지하수위가 존재하는지 확인한다. 지하수위는 보통 계절적으로 변하여 일반적으로 겨울에 가장 높고, 증발량이 많은 여름 끝무렵과 가을에 가장 낮다. 지하수위가 명확히 나타나지 않을 경우, 장기 평균 지하수위는 토양 내 산화·환원 특징이나 회색 계열의 우세한 색상을 통해 간접적으로 추정할 수 있다(그림 3.5).

토양 형태를 통해 계절별 최고 지하수위를 확인하는 것은 외부 물질이 유입되거나 교란된 토양에서는 까다로울 수 있다. 이 경우, 다른 현장 특성을 함께 확인하여 지하수위 추정의 근거를 보완해야 한다. 예를 들어, 해당 지점이 저지대이거나 물이 쉽게 모이는 위치인지 확인하는 것이 도움이 된다.

또한 습지 구획과 마찬가지로 식생 상태, 물 자국, 유출선(drift lines), 침전물(sediment) 등과 같은 수문학적 지표를 확인해야 한다. 이러한 지표는 토양 습윤 징후와 일치해야 한다.

그림 3.5 미국 메릴랜드주 저지대의 지하수위가 얕은 토양 단면. 토색 변화는 계절적 지하수위의 변동을 나타낸다.

해석

어두운 표토의 존재는 토양이 비옥하다는 신호이며, 이는 부패하는 유기물을 분해하는 토양 생물들이 풍부하게 서식하고 있음을 나타낸다. 초지는 뿌리의 지속적인 부패, 높은 칼슘 함량, 그리고 상대적으로 적은 용탈로 인해 숲보다 더 많은 유기물과 부식을 갖고 있다. 연한 갈색 또는 노란색 토양은 일반적으로 유기물과 부식 함량이 낮아 비옥도가 떨어지고, 구조 형성 능력이 약하며, 입자 크기가 거칠고 양분이 용탈될 가능성이 높다는 것을 나타낸다. 이를 해결하기 위해서는 연한 색의 토양에 정기적으로 유기물을 투입하여 토양의 구조와 영양 상태를 개선할 필요가 있다.

심토의 색깔은 통기성과 배수성을 반영할 수 있는 중요한 지표이다. 예를 들어, 붉은색 토양은 심한 풍화로 인해 배수가 잘되지만, 양분과 유기물 투입이 필요할 수 있다. 붉은색은 토양 내 Fe 화합물의 산화로 인해 나타난다. 토양이 식물의 생장기 동안 장기간 물로 포화되면 식물과 미생물이 산소를 고갈시키고, 이는 뿌리 호흡과 호기성 미생물 반응을 제한하며 환원 과정을 촉진하고 부식을 축적하게 한다. 따라서 특정 깊이에서 회색(채도가 ≤ 2로, 환원 상태로 인한 철/망간 산화물 감소 또는 회색이 우세한 경우)은 계절적 최고 지하수위를 나타낸다. 너무 오래 젖어 있는 토양은 혐기 상태가 되며 불쾌한 냄새가 난다. 포크, 삽, 경운기 또는 모종삽과 같은 도구로 통기시키면 토양이 건조해질 뿐만 아니라 냄새와 배수도 개선된다.

토색은 도시 개발에 있어 중요한 의미를 지닌다. 특히 붉은색 토양은 배수성이 우수한 토양을 나타내며, 이는 다양한 용도의 토지 이용에 적합한 조건을 제공한다. 황회색 토양은, 특히 반점 무늬(mottling)가 함께 나타날 경우, 토양 내 물 고임(waterlogging) 문제가 있음을 나타낸다. 이는 도시 내 다양한 활동–예를 들어 건축 기초 공사, 오수 처리 계획, 식물 생장, 그리고 차량 통행성–에 영향을 줄 수 있다. 푸르거나 녹색을 띤 회색 토양은 심각한 물 고임 문제를 나타내며, 이러한 토양을 활용하기 위해서는 상당한 인프라 투자가 필요하다. 토양에서 밝고 연한 노란색 조각, 특히 특이산성토양(acid sulfate soil)이 의심되는 경우는 잠재적으로 황산이 생성되어 매우 낮은 pH 값을 나타낼 수 있다.

질문

1. 토양 중 유기물, 부식 그리고 Fe 및 Mn 함량을 토색을 통해 간접적으로 표현해 보시오.

2. 토양 질 측면에서 가지는 토양 냄새의 의미와 개선방법에 대해 설명하시오.

3. 토양 단면 속에서 추정되는 지하수위를 제시하고, 토양이 환원 상태임을 나타내는 흔적들을 찾아 설명하시오.

참고문헌

Blum WE, Schad P, Nortcliff S (2018) Essentials of Soil Science: Soil formation, functions, use and classification (World Reference Base, WRB). Borntraeger Science Publishers

Hazelton P, Murphy B (2021) Understanding Soils in Urban Environments. 2nd ed. CABI

Lindbo DL, Kozlowski DA, Robinson C (2012) Know soil, know life. Madison, Wis: Soil Science Society of America

Plaster E (2008) Soil Science and Management. 5th ed. Cengage Learning

Shaw RK, Reinhardt L, Isleib J. A field guide to describing soils in NYC. USDA-NRCS NYC Soil Survey. http://www.soilandwater.nyc/uploads/7/7/6/5/7765286/soils_field_guide.pdf Accessed June 18, 2023

토성 4

개요

제4장은 토양의 물리적 특성, 특히 토성을 분석하는 것을 목표로 한다. 토성은 토양의 필수적인 특성으로, 물의 이동 및 저장, 통기성, 양분과 오염 물질의 흡착 능력, 굴착 난이도, 경작의 용이성에 영향을 미친다. 토성은 토양 내 모래, 미사, 점토 입자의 상대적인 양에 따라 결정된다. 이 실습에서는 촉감법(hand feel method)과 용기 이용 침전법(jar method) 두 가지 방법을 통해 각 입자의 함량 비율을 분석한 후, 토성 삼각도를 활용하여 토성 등급을 평가한다. 또한 토양 시료 내 석력(돌과 자갈, coarse fragments)의 부피 백분율을 추정하고, 두 가지 방법의 결과를 비교 분석한다.

목표 토양의 주요 물리적 특성인 토성을 평가한다.

이론적 배경

토성(*soil texture*)은 토양의 가장 중요한 특성 중 하나로, 물의 이동 및 저장, 통기성, 양분과 오염 물질의 흡착 능력, 굴착 난이도 또는 경작의 용이성에 영향을 미친다. 토성은 무기 토양 내 세 가지 크기 입자의 상대적인 비율을 나타낸다(**그림 4.1**). 이 세 가지 크기 입자는 다음과 같다:

- 모래: 0.05 mm~2 mm(거친 느낌, 눈으로 볼 수 있음)
- 미사: 0.002 mm~0.05 mm(부드러운 느낌, 현미경으로 볼 수 있음)
- 점토: 0.002 mm 미만(끈적끈적한 느낌, 전자현미경으로 볼 수 있음)

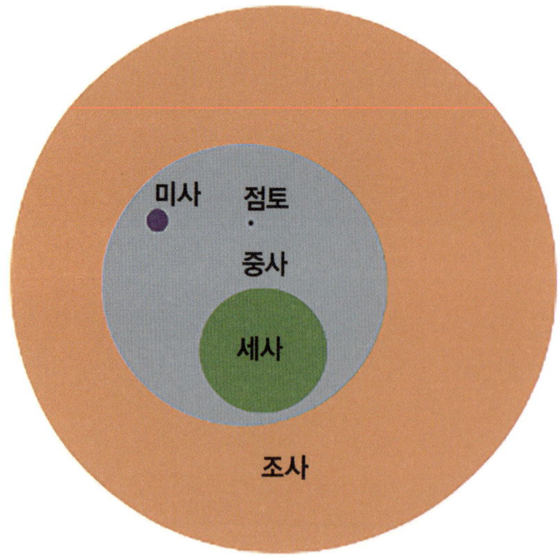

그림 4.1 모래, 미사, 점토의 상대적인 크기

이러한 입자는 자연적으로 심토에 존재하는 모재(암석)로부터 유래하거나 빙하 또는 강에 의해 퇴적된 것이다. 주로 석영으로 구성된 모래와 미사는 비교적 화학적으로 비활성이며, 토양의 구조적 틀인 "토양 골격"을 형성한다. 점토 입자(층상 구조의 규산염 및 산화물)는 무기질 토양의 활성 성분으로, 전하를 띠고 있으며 표면적이 매우 넓어 물, 양분, 그리고 다른 점토 입자에 대해 강한 인력을 가진다. 토양 입자의 크기와 그 비율은 토양의 "토성"을 결정짓는다. 토양학자들은 12개의 토성 등급을 사용한다(**그림 4.4** 토성 삼각도 참조). 이는 손과 손가락을 사용하여도 추정할 수 있다(**그림 4.2** 토성 평가 흐름도 참조).

2 mm보다 큰 물질은 석력(돌과 자갈)으로 간주하며, 이는 2 mm 미만이 아니므로 토성 등급에 포함되지 않는다. 석력은 토양의 투과성에 영향을 미칠 수 있으며, 그 양이 과도하면 물 및 양분 보유 능력과 토양에서 잠재적으로 뿌리가 뻗을 수 있는 영역을 감소시킬 수 있다.

석력은 크기에 따라 다음과 같이 세분될 수 있다:

- 자갈: 2~75 mm
- 조약돌: 75~250 mm
- 돌: 250~600 mm
- 바위: 600 mm 이상

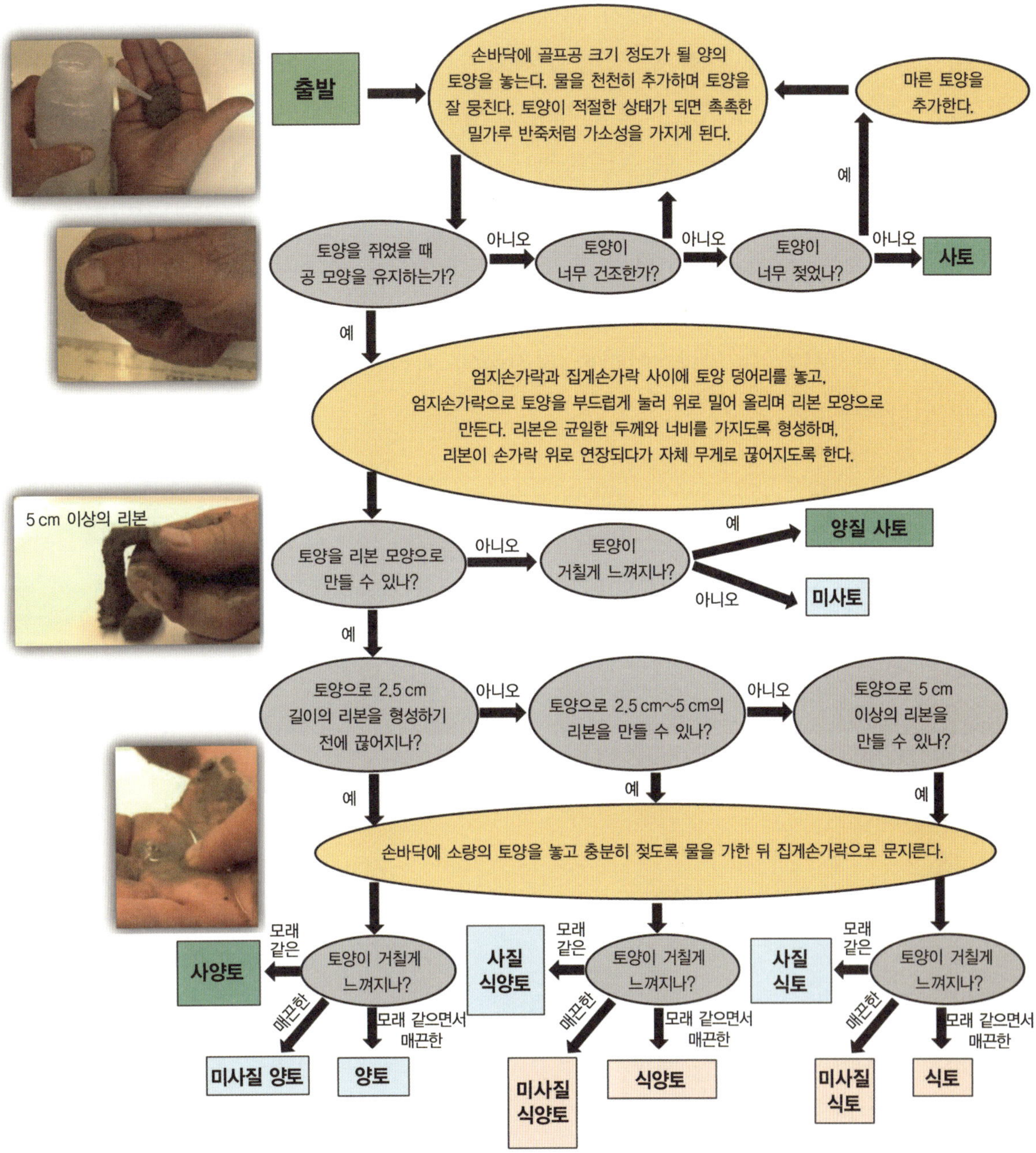

그림 4.2 촉감법에 따른 토성 평가 흐름 모식도; S.J. Thien (1979)에서 수정됨

도시의 토지 이용은 다양한 방식으로 토양의 토성에 상당한 영향을 미칠 수 있다. 토양 다짐, 침식, 성토재, 조경 시공, 건설 활동, 그리고 폭우 유거수 모두가 도시 지역에서 토성의 변화를 초래한다. 예를 들어, 토양 침식은 미사와 점토 같은 미세 입자를 저지대로 운반하여 그 과정에서 토성을 변화시킨다. 도시 개발 중에는 종종 토지를 평평

하게 하거나 구조적 지지를 제공하기 위해 성토재가 들어오기도 한다. 이러한 성토재는 원래 토양과 다른 토성을 가질 수 있어 도시화한 지역의 토성에 변화를 가져온다. 도시 조경 활동, 예를 들어 지형 정리, 토양 개량제 투입, 식생 선택 등도 토성에 영향을 미칠 수 있다. 게다가, 모래 토양으로 복토하거나 유기물을 혼합하면 전체적인 토양 구성에 영향을 줄 수 있다. 또한 건설 폐기물 반입으로 외부 물질이 토양에 유입되면 토성과 구성이 변할 수 있다. 도시화는 도로와 주차장 같은 불투수성 표면의 양을 증가시켜 표면 유거수를 증가시킨다. 빠른 흐름의 빗물 유거수는 미세 입자를 포함한 침전물을 저지대로 운반하고 퇴적시킬 수 있다. 이러한 침전물의 퇴적은 해당 위치에서 토성에 영향을 미칠 수 있다.

실습

소요 시간: 1.5시간

난이도: 쉬움

장소: 야외, 교실, 가정, 실험실

준비물

- 시료 용기
- 물
- 액체 세제
- 토양 시료

절차

1. 촉감법을 사용하여 토성 결정하기: 촉감법으로 토성을 측정하기 위한 흐름도 지침을 따른다. 아래의 결과 표에 토성을 기록한다.
2. 용기 이용 침전법과 토성 삼각도를 사용하여 토성 결정하기:
   2.1 석력과 잎이 들어가지 않도록 주의하면서 시료 용기의 최소 절반 이상을 토양으로 채운다.
   주의: 모래보다 큰 입자(자갈, 돌, 암석 등)와 유기물은 토성을 결정할 때 고려하지 않는다. 즉, 모래 % + 미사 % + 점토 % = 100%가 된다.
   2.2 액체 세제 몇 방울을 추가하고 시료 용기를 물로 가득 채운 뒤 뚜껑을 단단히 닫는다.

2.3 최소 1시간 동안 가라앉힌다. 세 가지 토양 분리물(모래, 미사, 점토)의 층을 보기 위해서는 24시간 이상이 걸릴 수 있다.

2.4 시료 용기에서 각 입자 크기(모래, 미사, 점토)의 부피를 추정한다. **그림 4.3**을 참조한다.

2.5 토성 삼각도(**그림 4.4**)를 사용하여 토성을 결정한다.

그림 4.3 용기 이용 침전법에 따른 토성 평가

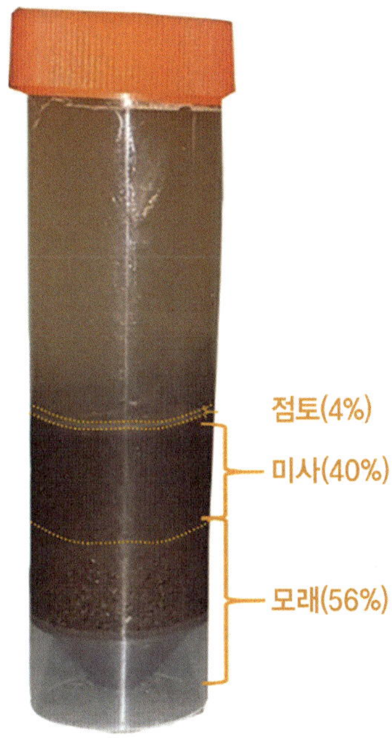

그림 4.4 토성 삼각도와 토성 결정 예시(그림 4.3) 참조

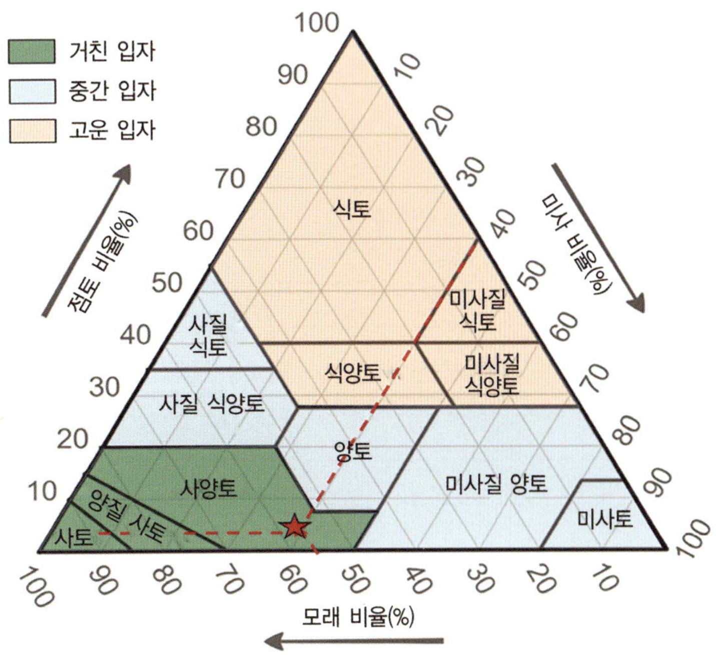

특정 토양의 구성 요소를 결정하기 위해:

- 삼각형 왼쪽 변에서 점토의 %를 찾는다.
- 삼각형의 밑변에서 모래의 %를 찾는다. 이는 "미사 %"로 표시된 삼각형 변과 평행한 선을 읽어 결정한다.
- 삼각형 오른쪽 변에서 미사의 %를 직접 찾아 "점토 %" 변과 평행한 선을 읽어 결정한다.
- 예를 들어, 별표는 점토 4%, 모래 56%, 미사 40%로 구성된 사양토를 나타낸다.

3. 제3장의 **그림 3.4**를 참고하여 토양 시료에서 석력의 부피 백분율을 추정한다. 석력의 유형을 설명한다. 특히 자연적 석력인지 인공적 석력인지를 기술한다.

___

___

___

4. 절차 1과 2의 결과와 비교하여 아래의 결과표를 작성한다. 차이가 있는 경우 각 방법을 다시 시도할 수 있다. 이러한 간단한 방법을 통해 토성 평가에 대한 이해와 숙련도를 높이는 것이 본 실습의 목표이다.

결과표

시료	토성 삼각도(절차 2)				촉감법에 따른 토성 (절차 1)	석력의 양 (%, 절차 3)
	모래, %	미사, %	점토, %	토성 (그림 4.4)		

해석

토양이 순수하게 모래, 미사, 점토 중 하나로만 구성되는 경우는 거의 없다. 토양 대부분은 이 세 가지 입자의 혼합물로 구성되며, 상대적인 비율에 따라 12개의 토성 등급 중 하나로 분류될 수 있다. 예를 들어, 사토와 양질사토(경토*)는 70% 이상의 모래 입자로 구성되어 모래의 특성이 지배적이다. 식토, 사질 식토, 미사질식토(중토*)는 40% 이상의 점토 입자로 구성되어 점토의 특성을 공유한다.

양토는 세 가지 입자 유형 모두와 관련된 특성을 공유하며, 일반적으로 최고의 정원용 토양으로 간주한다. 이들은 대공극과 소공극의 균형을 이루어 공기와 물의 흐름이 좋고, 수분과 양분 보유력도 뛰어나다. 또한 경운이 비교적 쉽다.

사질 토양은 통수성이 우수하며, 보수력과 양분 보유력, 오염물질 흡착 능력은 낮은 편이다. 반면, 뿌리 신장이 용이하고 작업성이 뛰어나 작물 재배에 유리한 조건을 제공한다. 식질 토양은 배수가 잘되지 않고, 높은 보수력을 가지지만 식물이 사용할 수 있는 수분 보유력은 낮다. 이러한 토양은 양분 함량이 높고 흡착 능력이 뛰어나 오염 물질을 효과적으로 흡착할 수 있다. 식질 토양은 뿌리가 침투하기가 매우 어려우며, 구덩이를 파기도 어렵다. 미사질 토양은 사질 토양과 식질 토양의 중간 특성을 가지며, 식물이 사용할 수 있는 수분 보유력이 높다.

양토가 일반적으로 가장 바람직한 정원용 토양이지만, 거의 모든 토성의 토양을 사용하여 아름다운 식물을 기를 수 있다. 또한 매우 사질이거나 식질인 토양도 유기물을 투입하여 지속 가능한 방식으로 개량할 수 있으며, 이는 토양의 또 다른 중요한 물리적 특성인 구조에도 긍정적인 영향을 미친다.

석력은 토양의 물리적 특성에 영향을 미칠 수 있으며, 모재 또는 토양의 기원에 관한 정보를 제공한다. 예를 들어, 자갈, 조약돌, 돌 등 지름 2 mm 이상의 석력은 주로 풍화되지 않았거나 약간 풍화된 암석 조각으로 구성되어 있다. 석력의 존재는 공극률, 투과성(permeability), 보수력을 낮추지만, 용적밀도를 증가시킴으로써 토양 특성에 영향을 미치는데 토양을 경운하거나 농업 및 비농업 용도로 활용하는 데 있어 작업을 더 어렵게 만들 수 있다.

* 경토(light soil), 중토(heavy soil): 토양 무게의 경중을 의미하는 것이 아니라, 농작업을 할 때 필요한 힘의 요구량을 기준으로 토양의 상태를 나타내는 용어이다. 경토란 사질토와 같이 적은 힘으로 쉽게 경운할 수 있는 토양을 말하며, 농작업을 하기가 힘든 중점질 토양을 중토(무거운 토양)라 한다.

질문

1. 촉감법과 용기 이용 침전법의 결과에 따라 토성을 평가하시오.

2. 토성은 생산성, 부식 함량, 보비력, 배수성과 어떤 연관성이 있는지 설명하시오.

3. 실습을 통해 분석된 토양의 토성에 따라 재배에 적합한 식물을 제시하고, 해당 토양의 질을 개선하기 위한 방법을 설명하시오.

참고문헌

Shaw RK, Reinhardt L, Isleib J. A field guide to describing soils in NYC. USDA-NRCS NYC Soil Survey. http://www.soilandwater.nyc/uploads/7/7/6/5/7765286/soils_field_guide.pdf Accessed June 18, 2023

Kaufmann RK, Cleveland C (2007) Environmental Science. McGraw-Hill Science

Blum WE, Schad P, Nortcliff S (2018) Essentials of soil science: soil formation, functions, use and classification (World Reference Base, WRB). Borntraeger Science Publishers

Healthy soils for sustainable gardens (2009) Brooklyn Botanic Garden

Lindbo DL, Kozlowski DA, Robinson C (2012) Know soil, know life. Madison, Wis: Soil Science Society of America

Thien SJ (1979) A flow diagram for teaching texture by feel analysis. Journal of Agronomic Education. 8:54-55.

토양 구조와 결지성 5

개요

제5장은 토양 시료의 구조와 결지성(consistence)을 평가하는 것을 목표로 한다. 토양 구조는 토양 입자가 더 큰 단위로 뭉치는 방식을 의미하며, 물 흡수와 통기성에 중요한 역할을 한다. 반면, 결지성은 토양의 형태를 파괴하거나 흐트러뜨릴 때 나타나는 토양의 저항으로, 침식 저항성과 식물 뿌리의 확장 가능성과 밀접한 관련이 있다. 이번 실습에서는 최소 30 cm 깊이의 구덩이를 파고, 다양한 깊이에서 토양 입단을 조사하여 토양 구조와 습한 토양의 결지성을 평가한다. 건강한 토양은 입상구조를 가져 물과 공기가 쉽게 이동할 수 있지만, 다져진 토양은 판상구조 또는 집괴구조를 형성하여 물과 공기의 이동을 방해하고, 식물 뿌리의 생장을 저해하는 특성을 나타낸다. 유기물, 석회, 퇴비, 바이오솔리드(biosolids), 그리고 가축 분뇨(manure)를 토양에 첨가하면 토양 입단 또는 구조가 개선되어, 궁극적으로는 토양 생산성을 향상할 수 있다. 토양 시료의 결지성은 토성, 부식 함량, 밀도에 영향을 받는데, 밀도나 점토 함량이 높은 토양은 결지성이 높다.

목표 토양의 구조와 결지성과 같은 주요 물리적 특성을 측정한다.

이론적 배경

토양 구조와 결지성은 토양 건강을 결정짓는 핵심 물리적 요인으로, 물 흡수, 통기성, 침식 저항성, 오염 물질 여과 등 다양한 기능에 깊은 영향을 미친다. 토양 구조와 결지성 간의 상호 작용을 이해하는 것은 토양의 거동을 지배하는 기본 역학을 이해하는 데

그림 5.1 토양시료 채취기를 활용한 루이지애나주 라파예트 몬커스 공원의 토양 평가

필수적이다(**그림 5.1**). 토양 구조(*soil structure*)는 토양 입자가 응집 단위(토양 입단 또는 페드)로 결합하는 방식으로, 물 흡수와 통기 과정에 직접적인 영향을 미친다. 토양 구조는 다짐 또는 높은 용적밀도를 반영할 수 있는 이차적 단위로의 집합을 나타낸다(**그림 5.2**). 이는 다양한 과정, 예를 들어 동결과 해동의 반복, 습윤과 건조, 식물 뿌리의 침투, 벌레, 곤충 및 기타 동물의 굴 파기 등을 통해 자연적으로 형성된다. 식물과 동물의 분비물 추가 및 식물과 동물 잔재의 미생물 분해도 토양 구조 생성에 영향을 미친다. 토양 구조는 오염 물질의 여과 및 보유에 중요한 역할을 한다.

결지성(*consistence*)은 손가락 압력으로 토양 덩어리를 얼마나 쉽게 부술 수 있는지를 나타내며(**그림 5.3**), 뿌리 확장성, 작업 용이성, 토양의 침식 저항성에 중요한 역할을 한다. 결지성의 수준은 부식, 점토, 수분의 함량에 의해 영향을 받으며, 이는 토양 입단 및 조각의 강도와 안정성에 이바지한다. 따라서 결지성은 토양에 가해진 스트레스 하에서의 토양 침투 저항성과 파열 저항성을 결정한다. 이는 용적밀도와 상관관계가 있으며, 토양 굴착의 난이도를 나타낼 수 있다. 결지성은 토양의 수분 함량에 크게 좌우된다.

입상구조

입상구조(Granular structure)는 둥근 입단과 많은 공극이 특징이다. 이는 유기물 함량이 높은 어두운 색깔의 표토에서 일반적으로 발견된다.

무구조
(단립구조)

토양 입자는 독립된 입자로 존재한다. (예: 단립 모래)

무구조
(집괴구조, 덩어리구조)

집괴구조(Massive)는 예측할 수 있고 반복적인 유형이나 형태로 부서지지 않는 토양을 말한다. 집괴구조는 종종 토양 깊은 곳에서 발견된다.

괴상구조

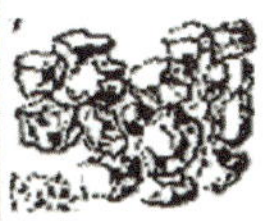

괴상구조(Blocky structure)는 습윤 지역의 심토에서 가장 흔히 나타나는 구조로, 이 지역은 원래 자연 식생이 숲이었던 곳이다. 약간 입방체 형태를 띠므로, 블록 주변으로 물이 잘 침투한다.

주상구조
(각주상 또는 원주상)

각주상구조(Prismatic structure)는 수직으로 길쭉하며, 식질 토양에서 가장 잘 발달한다. 이 구조는 초원지대의 초본 식생이 자생하던 지역에서 흔히 나타난다. 원주상구조(Columnar structure)는 염분 함량이 높은 층과 관련이 있으며, 이러한 구조는 높은 염분으로 인해 형성된다.

판상구조

판상구조(Platy structure)는 접시처럼 보이는 수평 평면이 특징이다. 이는 심토에서 발생하며, 물의 침투를 제한한다(사진 제공: 이단비).

그림 5.2 토양 구조의 유형

느슨한(Loose):
건조하거나 습한 상태에서 응집력이 없으며, 덩어리를 이루지 못하는 상태를 말한다.

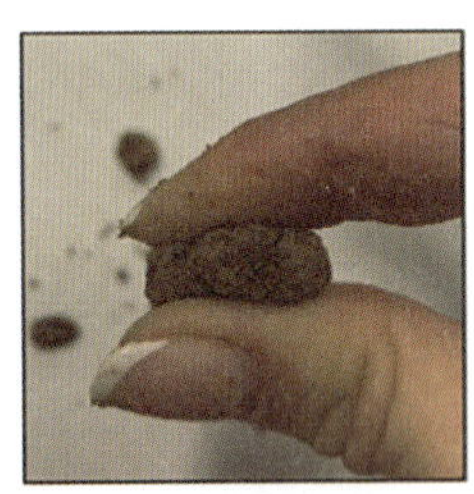

단단함(Firm):
엄지손가락과 집게손가락 사이에서 중간 정도의 압력을 가하면 부서지지만, 저항이 뚜렷하게 느껴지는 상태를 말한다.

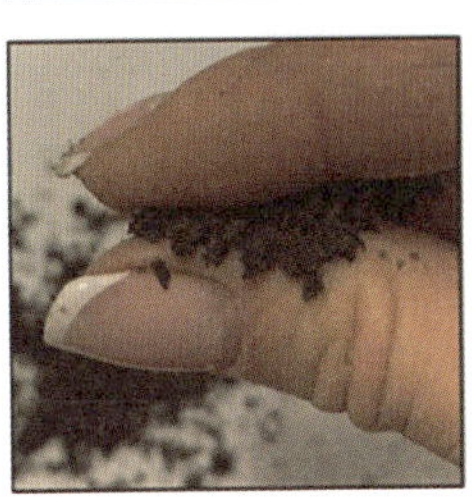

연약(Friable, 이쇄성):
습한 상태에서 엄지손가락과 집게손가락 사이에 약한 압력을 가하면 쉽게 부서지며, 덩어리로 뭉칠 수 있는 상태를 말한다.

매우 단단함(Very firm):
엄지손가락과 집게손가락 사이에서 부수기 위해 상당한 압력이 필요한 상태를 말한다.

그림 5.3 습한 토양의 결지성 등급

도시 토지 이용은 토양 구조와 결지성에 상당한 영향을 미친다. 건설 활동과 중장비 운행으로 인한 압력, 그리고 증가된 답압은 도시 토양의 다짐을 초래하여 공극을 줄이고 수분 침투를 제한한다. 식생 제거 및 자연경관 교란은 침식을 유발하여 토양 입단을 파괴하고 토양 구조를 악화시킨다. 불투수성 표면으로 인한 토양 차폐(soil sealing)는 물 이동을 방해하고 토양 구조를 손상한다. 유기물 감소, 조경 공사 및 오염은 토양 구조와 결지성에 추가적인 영향을 미친다.

현장 실습

소요 시간: 20분

난이도: 쉬움

장소: 야외, 교실, 실험실, 가정

준비물

- 삽

절차

1. 구덩이 파기: 최소 30 cm 깊이의 구덩이를 판 후 다양한 깊이에서 토양 입단의 크기를 조사한다.
2. 토양 구조를 평가한다(**그림 5.2**)

___

___

___

___

3. 습한 토양의 결지성을 평가한다(**그림 5.3**).

___

___

___

___

해석

다져지지 않은 건강한 토양은 표층에는 입상구조를 가지고, 하부에서는 아각괴상구조(sub-angular structure)를 보인다. 반면, 다져지거나 밀도가 높은 토양은 일반적으로 판상 또는 괴상(덩어리)구조를 가진다. 입상구조의 토양은 스펀지처럼 작용하여, 표면에서 큰 공극으로 수분이 쉽게 침투하고, 작은 공극에서 수분을 흡수하여 유지하며, 과잉의 수분은 배수되어 공기로 대체된다. 느슨한 입상구조를 가진 토양은 경운하기 좋은 토양으로, 식물 뿌리 생장에 이상적인 물리적 성질을 가지며, 작업하기 쉬운 토양이다.

토양 입자는 또한 큰 불규칙한 덩어리, 단단한 수직 기둥, 또는 평평한 수평 판 형태로 입단을 형성할 수 있다. 이러한 구조는 뿌리 생장과 물 또는 공기의 이동에 불리하며, 일반적으로 표토보다는 심토에서 더 자주 발생하지만, 토양 침식이나 토지 개발 중에 표토가 제거되면 지표면에 노출될 수 있다. 평평하고 얇은 입단(peds)들이 여러 겹 포개진 판상구조는 종종 다짐으로 인해 형성된다. 이러한 구조는 지표면이나 지하층에서 발견될 수 있으며, 물, 공기 그리고 뿌리의 이동을 방해하는 원인이 된다.

일부 토양은 구조가 전혀 없을 수도 있다. 이들은 단립구조(single-grained) 상태로 서로 달라붙지 않거나, 또는 완전히 응집되어 단단하고 생명체가 없는 집괴구조(massive) 상태가 될 수 있다. 이러한 토양에 유기물, 석회, 퇴비, 바이오슬러지 및 거름을 넣으면 토양의 입단화를 촉진하고 구조를 개선하여 생산성을 높일 수 있다.

토양의 결지성(토양 입단의 파열 저항력)은 일정한 수분 함량에서 토성, 부식 함량 그리고 밀도가 복합적으로 작용한 결과를 의미한다. 가장 큰 결지성을 가진 토양은 대개 높은 밀도나 점토 함량을 가지고 있다.

도시 토지 이용이 토양 구조와 결지성에 미치는 영향을 이해하고 적절히 관리하는 것은 도시 지역에서 토양 건강을 유지하는 데 중요하다. 이는 건설 중 토양 다짐을 최소화하고, 침식 방지 조치를 시행하며, 유기물 시용 및 멀칭을 권장하고, 오염원을 관리하며, 지속 가능한 조경 공법을 채택함으로써 달성할 수 있다. 이러한 조치를 우선적으로 시행하면 토양 구조와 결지성을 보존하는 데 도움이 되며, 도시 토양 생태계의 장기적인 지속 가능성을 뒷받침할 수 있다.

질문

1. 뿌리가 깊이 침투할 수 없는 구조를 가진 토양은 작물, 나무, 유거수에 어떤 영향을 미칠 수 있는지 설명하시오.

2. 토양 구조를 개선하기 위해 수행할 수 있는 토양 관리 방법에는 어떤한 것이 있는지 설명하시오.

3. 토양 구조와 결지성을 보호하고 향상시키기 위해 수립할 수 있는 도시 계획 및 설계 전략을 제시하시오.

참고문헌

Blum WE, Schad P, Nortcliff S (2018) Essentials of Soil Science: Soil formation, functions, use and classification (World Reference Base, WRB). Borntraeger Science Publishers

Healthy Soils for Sustainable Gardens (2009) Brooklyn Botanic Garden

Shaw RK, Reinhardt L, Isleib J. A field guide to describing soils in NYC. USDA-NRCS NYC Soil Survey http://www.soilandwater.nyc/uploads/7/7/6/5/7765286/soils_field_guide.pdf Accessed June 17, 2023

토양 공극 6

개요

제6장은 토양 시료의 공극률(porosity)을 측정하고, 입자의 크기와 배열이 총 공극(total pore space)에 미치는 영향을 비교 · 분석하는 것을 목표로 한다. 공극률은 주어진 부피의 토양 내에서 개방된 공극 공간의 백분율을 나타내며, 이는 해당 토양이 보유할 수 있는 물과 공기의 총량을 결정한다. 이번 실습에서는 다섯 개의 플라스틱 튜브, 다양한 크기의 플라스틱 구슬, 혼합된 모래, 눈금이 있는 용기, 물, 토양 시료를 준비한다. 실습 과정은 i) 눈금이 있는 용기에 물을 채우고, ii) 다양한 재료로 플라스틱 튜브를 채운 다음, iii) 재료를 압축한 후, iv) 각 튜브에 용기의 물을 넣고, v) 넣은 물의 부피를 기록하는 것이다. 수집된 데이터는 실습에 사용된 다섯 가지 재료의 공극률을 계산하는 데 사용된다. 현장 실습에서는 i) 알려진 부피의 양동이에 토양이나 퇴비를 채우고, ii) 물을 넣어서 공극률을 계산한다. 실습 결과에 대한 해석을 통해 토양 개량 방법을 이해하고, 이를 실제 현장에 적용하는 데 유용한 정보를 얻을 수 있다.

목표 토양 시료의 공극률을 측정한 후 입자 크기와 배열이 전체 공극에 미치는 영향을 비교한다.

이론적 배경

토양의 모재는 다양한 물리적·화학적 풍화 작용을 통해 결합력이 약해지고 혼합되며, 이 과정에서 형성된 작은 빈 공간(공극)은 공기와 물을 저장할 수 있는 공간을 제공한다. 이러한 공극이 충분히 크고 풍부해야 물, 산소, 그리고 식물 뿌리를 통해 흡수되어야 할 양분을 보유할 수 있다(그림 6.1). 공극률 또는 총 공극량은 주어진 부피의 토양 내에 존재하는 공극의 백분율을 나타내며, 이는 토양이 보유할 수 있는 물과 공기의 총량을 결정한다. 공극의 부피가 클수록 공극률이 높아지고, 토양이 보유할 수 있는 물의 양이 많아진다. 좋은 구조를 가진 토양은 전체 부피의 50%가 공극으로 구성되어야 한다. 공극률은 주로 입자의 크기, 형태, 배열 및 다짐과 같은 요인에 의해 영향을 받는다.

도시 지역에서의 토지 이용은 토양 내 총 공극량에 큰 영향을 미친다. 도시화에 따른 토양 다짐, 토양 차폐, 토양 구조 손실, 배수 체계의 변화는 모두 도시 토양에서 이용 가능한 전체 공극량을 감소시키는 요인으로 작용한다(그림 6.2). 이러한 변화는 물 침투, 공기 이동, 뿌리 생장을 제한하며, 결과적으로 토양 건강과 생태계 기능에 악영향을 미친다.

그림 6.1 매우 다공성이고 유기물이 풍부한 입상 구조의 흑색 토양

그림 6.2 공극률이 낮고 집괴구조를 가진 밝은색의 점토

실험실 실습

소요 시간: 45분

난이도: 중간

장소: 교실, 실험실

준비물

- 플라스틱 튜브 5개
- 지름 4 mm 플라스틱 구슬 1팩
- 지름 7 mm 플라스틱 구슬 1팩
- 혼합 모래 1팩
- 눈금 용기, 100 mL
- 물
- 토양 시료

절차

1. 플라스틱 튜브 5개, 플라스틱 구슬 팩 두 종류, 혼합 모래 팩, 그리고 토양 시료를 준비한다.
2. 눈금 용기의 측면 표시선 상단(100 mL)까지 물을 가득 채운다.
3. 플라스틱 튜브 하나에 눈금 용기에서 물을 채우고, 눈금 용기의 새로운 물 높이를 확인하여 결과표에 기록한다. 튜브를 채우는 데 소요된 눈금 용기의 물이 튜브 내 물질 중 총 공극의 부피이다.
4. 튜브를 비우고 종이 수건으로 닦는다.
5. 하나의 튜브에는 4 mm 구슬을, 다른 하나의 튜브에는 7 mm 구슬을 채운다. 각 튜브의 윗부분을 엄지손가락으로 덮고, 튜브를 탁자 위에 가볍게 두드려 구슬이 안정적으로 눌리도록 한다. 필요할 경우 구슬을 더 채워 튜브 윗부분까지 구슬이 가득 차도록 한다.
6. 눈금 용기의 가장 위 눈금까지 다시 물을 가득 채우고, 물의 위치를 정확히 기록한다.
7. 7 mm 구슬이 든 튜브에 눈금 용기에서 물을 부어 물이 튜브 윗부분까지 차도록 한다. 눈금 실린더의 새로운 물 높이를 확인하고, 튜브에 추가된 물의 양을 결과표에 기록한다.
8. 같은 절차를 4 mm 구슬이 든 튜브에도 반복한다.

9. 각 튜브에서 물을 조심스럽게 빼낸다.
10. 종이 수건 위에 구슬을 천천히 부어 말린다.
11. 4 mm와 7 mm 구슬 같은 양을 컵에 넣고 잘 혼합한다.
12. 혼합된 구슬을 건조한 플라스틱 튜브에 붓고, 5단계에서처럼 압축한다.
13. 이전과 같이 눈금 용기에서 이 튜브에 천천히 물을 채우고, 튜브에 추가된 물의 양을 결과표에 기록한다.
14. 혼합 모래 팩을 가져와 건조한 플라스틱 튜브에 천천히 부어 5단계처럼 부드럽게 압축한다.
15. 튜브를 윗부분까지 채우고 눈금 용기에서 물을 부어 물이 튜브 윗부분까지 찰 때까지 붓는다. 눈금 용기에서 튜브를 채우는 데 소요된 물의 양을 결과표에 기록한다.
16. 같은 절차를 자신의 토양 시료에도 반복한다.
17. 결과표의 데이터를 통해 테스트한 다섯 시료 각각의 공극률을 계산한다. 공극률은 공극의 부피를 시료의 총 부피로 나누어 계산한다.

$$\text{공극률}(\%) = \frac{\text{공극의 부피}}{\text{시료의 총 부피}} \times 100$$

예를 들어, 75 cm^{3}의 토양이 7.5 cm^{3}의 공극 공간을 가지고 있다면, 공극률은

$$\frac{7.5\ \text{cm}^3}{75\ \text{cm}^3} \times 100\% = 0.1 \times 100\% = 10\%$$이다.

결과표

시료	튜브에 채운 물의 부피, mL(cm^3)	공극률(%)
빈 튜브(튜브의 부피)		
7 mm 구슬(공극의 부피)		
4 mm 구슬(공극의 부피)		
혼합 구슬(공극의 부피)		
혼합 모래(공극의 부피)		
토양(공극의 부피)		

현장 실습

소요 시간: 10분

난이도: 쉬움

환경: 실외

재료

- 물
- 양동이
- 토양, 퇴비, 자갈 등

절차

1. 알려진 부피의 양동이를 준비하고, 토양, 퇴비 또는 원하는 매체로 채운다.
2. 양동이를 채우기에 충분한 양의 물을 준비한다.
3. 양동이에 물을 채워 채운 물질의 표면에 도달할 때까지 물을 부어준다(**그림 6.3**).
4. 양동이를 채우는 데 사용된 물의 양을 계산하고, 사용된 물의 양을 빈 양동이의 총 부피로 나눈다. 실험실 실습 절차의 17단계에서 사용한 공식을 이용하여 공극률을 구한다.

그림 6.3 현장에서 퇴비의 공극률 측정

해석

공극률이 50%인 토양은 절반이 고체 입자로 구성되고 나머지 절반이 공극으로 구성된다. 모래는 공극률이 약 30%로, 점토의 공극률 약 50%보다 낮다. 입자가 더 미세할수록 공극률은 증가한다. 이상적인 공극률은 40~60%이다. 물은 토양의 대공극에서 소공극보다 더 빠르게 배수된다. 물은 토양을 통과할 때 소량의 공기를 함께 끌고 가는데 토양의 소공극에 물이 들어가면 공기(산소)가 공극을 채우며 뿌리에 공급하게 된다. 그리고 토양의 소공극이 물로 채워지면 대공극보다 더 많은 양의 물을 보유하게 된다. 모래 토성의 토양은 대부분 큰 공극을 가지고 있어 물이 빠르게 배수된다. 이러한 이유로 식물 생장에는 크고 작은 다양한 유형의 토양 혼합물이 중요하다. 큰 공극과 작은 공극이 섞여 있으면 더 나은 통기성과 보수력을 제공한다.

도시 지역에서는 기반시설, 장비 사용 및 보행으로 인한 심각한 다짐이 공극률을 감소시킨다. 대부분의 도시 토양은 교란되거나 이동되어 토양 구조가 부분적으로 파괴됨으로써 공극량, 특히 대공극의 양이 감소한다. 공극률이 낮아지면 물이 배수되지 않아 홍수를 일으킬 수 있다. 지속 가능한 토지 이용 방법, 예를 들어 토양 다짐을 최소화하고 식생을 보존하며 친환경 기반시설을 도입하면 이러한 영향을 완화하고 도시 토양의 총 공극량을 보존할 수 있다. 이러한 조치를 우선시함으로써 도시 계획자와 토지 관리자는 토양 기능을 유지하고 도시 토양 생태계의 회복력을 지원할 수 있다.

질문

1. 큰 구슬과 작은 구슬의 공극률 차이를 설명하시오.

2. 입자 크기와 공극률 사이에 어떤 관계가 있는지 설명하시오.

3. 크고 작은 구슬을 섞는 것이 공극률에 어떠한 영향을 미쳤는지 설명하시오. 그리고 혼합된 구슬은 잘 구분되는지 확인하시오.

4. 혼합 모래 시료는 모양과 크기 면에서 구슬과 어떠한 차이가 있는지 설명하시오. 혼합 모래가 잘 구분되는지를 확인하고 이 시료의 공극률을 구하시오.

5. 토양 시료의 공극률을 계산하시오. 또 총 공극량을 증가시키기 위한 방법을 제시하시오.

참고문헌

Brady NC, Weil RR (2016) The nature and properties of soils. 15th ed., Pearson

Ward's Exploring Earth Science Lab Activity: Exploring Porosity and Permeability. Ward's Natural Science Establishment, Inc. https://www.wardsci.com/store/product/8873876/ward-s-exploring-porosity-and-permeability-lab-activity Accessed June 17, 2023

토양 보수력 7

개요

제7장은 간단한 여과 방법을 활용하여 다양한 토성을 가진 토양의 보수력을 측정하는 데 중점을 둔다. 이 실습은 토양의 수분 보유에 영향을 미치는 요인, 예를 들어 토성, 점토 유형, 유기물 함량, 토양 구조에 대한 이론적 배경 정보를 제공한다. 실습 과정으로는 i) 깔때기 위에 여과지를 놓고, ii) 그 아래에 눈금 용기를 배치한 후, iii) 여과지에 100 mL의 토양을 넣고, iv) 천천히 100 mL의 물을 부어준 후, v) 배출된 물을 눈금 용기에 모아 그 부피를 측정한다. 이런 절차를 다른 토성을 가진 토양에 대해 반복하여 보수력을 비교한다. 결과는 표에 기록하며, 공식을 이용하여 보수력을 계산한다. 이 실습은 최적 식물 생장을 위한 토양 대공극과 소공극 균형의 중요성을 강조하며, 유기 및 무기 토양 개량제를 활용하여 보수력을 개선하는 방법을 설명한다.

목표 토양의 잠재적 수분 보유력을 측정한다.

이론적 배경

토양의 수분 보유는 생명 유지에 필수적이다. 토양은 식물의 지속적인 생장과 생존을 위해, 한 번 수분이 보충되거나 침투된 이후에도 다음 보충 시점까지 수분을 지속적으로 공급하는 역할을 한다. 토양 수분은 토양의 구조적 안정성이나 응집성에 영향을 줄 수 있다. 물로 포화된 토양은 구조적 안정성을 잃고 불안정해질 수 있으며, 이로 인해 토양 구조가 붕괴되고 대량 이동이 발생하여 도시 기반 시설을 취약하게 만들 수 있다.

그림 7.1 불투수성 포장재로 둘러싼 도시 환경의 사례(토양 다짐이 심한 도로변 가로수 구역)

도시 토지 이용은 토양 수분 보유에 상당한 영향을 미친다. 건물과 포장도로 같은 불투수성 표면은 빗물이 토양에 침투하는 것을 방해하여 유거를 증가시키고 토양 수분 보유를 감소시킨다(**그림 7.1**). 변형된 배수 시스템은 도시 지역에서 물을 빠르게 배출함으로써 토양에 유지되는 수분의 양을 더욱 감소시킨다. 건설 활동으로 인한 토양 다짐은 물 침투와 저장을 제한한다. 자연 식생의 손실과 불투수성 표면으로 토양을 차폐하는 것도 토양 수분 보유 감소에 이바지한다. 이러한 요인들이 복합적으로 작용하여 토양의 보수력을 감소시키고 유거를 증가시키며, 도시 환경에서 활용 가능한 수분을 유지하는 데 어려움을 초래한다.

특정 토양이 보유할 수 있는 수분의 양은 토성, 점토 종류, 유기물 및 부식 함량, 토양 구조에 따라 달라진다. 예를 들어:

- 고운 사양토는 매우 고운 모래의 영향으로 일반 사양토보다 더 많은 물을 보유한다. 점토는 가장 큰 총 보수력을 가지지만, 사양토보다 더 많은 유효수분을 보유하지는 않는다. 중간 토성의 토양, 특히 미사질 양토는 가장 높은 유효보수력을 가지고 있다.
- 팽창성이 큰 점토 광물(스멕타이트 > 버미큘라이트)은 비팽창성 광물(일라이트 > 클로라이트 > 카올리나이트)보다 더 많은 수분을 흡착한다.

- 토양 유기물 및 부식은 물에 대한 높은 친화력을 가지므로 토양의 보수력을 증가시킨다. 그 결과, 유기물과 부식 함량이 높은 토양은 이들의 함량이 낮은 토양보다 일반적으로 더 많은 수분을 보유할 수 있다.
- 미세공극이 많을수록 모세관수의 양이 증가한다.

실험실 실습

소요 시간: 40분

난이도: 쉬움

장소: 교실, 실험실, 가정

준비물

- 깔때기
- 여과지(또는 이중 커피 필터)
- 눈금 용기 2개

절차

1. 깔때기 위에 여과지를 놓고, 그 아래에 눈금 용기를 배치한다(그림 7.2와 그림 7.3).

그림 7.2 깔때기 위 여과지에 놓인 토양시료와 비커 바닥에 모인 침출수

그림 7.3 플라스틱 컵(깔때기)과 커피 필터(여과지)를 이용한 간이 실험 장치

2. 여과지 위에 100 mL의 신선한 토양을 놓는다(V_6).
3. 토양에 천천히 100 mL의 물을 붓는다(V_2). 토양 시료의 초기 상태(젖은 또는 마른 상태), 물이 토양을 통해 이동하는 속도, 그리고 배출된 물의 맑은 정도를 관찰한다.
4. 같은 절차를 따르되 여과지 위에 토양을 놓지 않은 대조구를 준비한다.
5. 수분이 배출된 후, 토양 시료(V_4)와 대조구(V_3)에서 눈금 용기에 배출된 수분의 부피를 기록한다.

   참고: 식질 토양은 수분의 배출이 완전히 멈추는 데 몇 시간이 걸릴 수 있다.
6. 다음 단계에 따라 토양에 의해 보유된 수분의 부피를 계산한다:

- 1단계: 대조구의 수분 계산

  V_1(대조구에서 여과지에 보유된 수분 부피) = V_2(최초 수분 부피) − V_3(용기로 배출된 수분 부피)
- 2단계: 토양 시료 중 수분 계산

  V_5(토양이 보유한 수분 부피) = V_2(최초 수분 부피) − V_4(용기로 배출된 수분 부피) − V_1(여과지에 남은 수분 부피)

- 3단계: 토양의 보수력 계산

$$\text{보수력, \%} = \frac{V_5(\text{토양에 보유된 수분 부피})}{V_6(\text{건조 토양 부피}) + V_5(\text{토양이 보유한 수분 부피})} \times 100$$

7. 토성이 다른 시료에 대해 테스트를 반복하여 수분 보유력을 비교한다.

결과표

시료	보수력, %

해석

토양의 수분 함량은 해당 토양의 보수력과 배수 특성에 따라 약 1%에서 90%까지 크게 달라질 수 있다. 이상적인 토양의 수분 보유 능력은 40~60%이다. 어떤 토양이 보유할 수 있는 최대 수분량은 포장용수량(field capacity)이라고 하며, 식물이 토양 입자로부터 남은 수분을 흡수할 수 없을 정도로 건조한 상태는 위조점(wilting point)이라고 한다. 포장용수량은 다음과 같은 순서로 증가한다: 사질 토양 < 미사질 토양 < 식질 토양 < 이탄.

지속 가능한 도시 계획의 실행, 예를 들어 친환경 기반시설 도입, 투과성 표면(permeable surfaces) 및 빗물 관리 기술 도입을 통해 도시 환경에서 토양의 보수력을 향상하고 부정적인 영향을 완화할 수 있다. 유기 및 무기 토양 개량제를 투입하여 보수력을 개선할 수도 있다.

유기 토양 개량제에는 피트모스(지속 가능한 자원이 아닐 수 있음), 퇴비, 코코넛 섬유(코코넛 수확의 부산물), 숙성된 거름(염분 함량이 높을 수 있음), 잔디 예초물, 짚 등이 포함된다. 무기 개량제에는 버미큘라이트(가격이 비싸고, 쉽게 부서지며 원예용 상토에 적합)와 펄라이트(배수 효과 크며, 삽목 증식 상토 또는 수경재배용 상토로 탁월)가 있다.

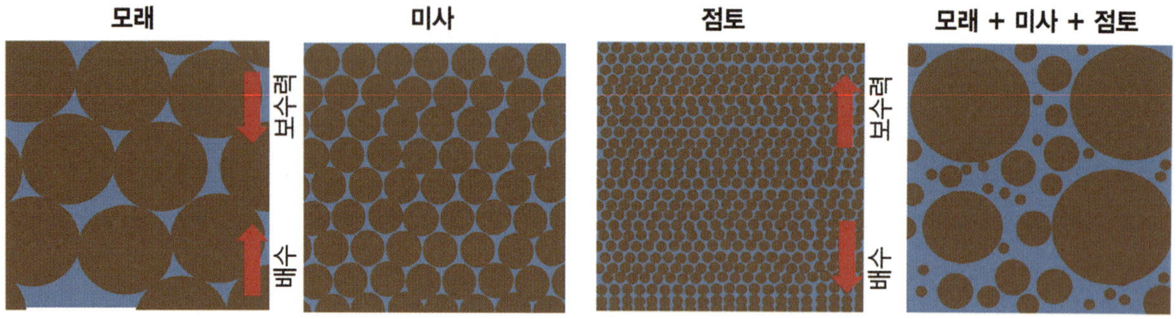

그림 7.4 총 토양 공극, 보수력, 배수 사이의 관계

그러나 토양의 과도한 보수력은 수분이 정체되는 상태, 즉 배수가 좋지 않은 상태를 초래할 수 있으며, 이는 다져진 식질 토양에서 흔히 발생한다(**그림 7.4**). 배수가 잘되는 토양에서는 과도한 수분이 근권을 빠르게 빠져나가 뿌리가 산소 부족으로 문제가 되지 않는다. 최적의 식물 생장을 위해서는 토양 내 대공극(큰 공극)과 미세공극(작은 공극)의 균형이 필요하다. 대공극은 공기와 물의 이동 통로가 되며, 미세공극은 수분을 보유한다. 대공극은 부서지기 쉬우며 교란에 취약하고, 압력을 받거나 잘못 관리하면 붕괴할 수 있다.

질문

1. 토양 시료 내 수분함량을 구하고, 이러한 토양 보수력 형성의 주요 요인이 무엇인지 설명하시오.

2. 필요한 경우, 수분 보유력을 개선하기 위한 방법에는 무엇이 있는지 설명하시오.

3. 토성이 서로 다른 토양의 보수력과 배수력이 차이나는 이유를 설명하시오.

참고문헌

Blum WE, Schad P, Nortcliff S (2018) Essentials of Soil Science: Soil formation, functions, use and classification (World Reference Base, WRB). Borntraeger Science Publishers

Plaster E (2008) Soil Science and Management. 5th ed. Cengage Learning

토양 투과성 8

개요

제8장은 공기, 물, 식물의 뿌리가 토양을 통해 얼마나 쉽게 침투할 수 있는지를 나타내는 토양의 투과성을 이해하는 데 중점을 둔다. 이번 실습에서는 다양한 모래 또는 토양 시료로 채워진 플라스틱 화분을 이용하여 물의 배수 시간을 측정한다. 배수 시간, 배수된 물의 양 그리고 수분 보유율을 측정함으로써, 토양 시료의 투과성을 '매우 빠름'에서 '매우 느림'까지 등급화할 수 있다. 이 정보는 물이 토양을 얼마나 쉽게 통과하는지 이해하는 데 도움이 되며, 이는 도로와 건물 같은 불투수성 구조물이 많은 양의 유거수를 발생시키는 도시 환경에서 식물 생장과 물 관리에 있어 중요한 요소이다. 실습은 또한 토양 다짐이 투과성과 식물 생장에 미치는 영향을 다룬다. 이 실습은 교실, 실험실, 가정 환경에서 플라스틱 화분, 옷감, 물, 스톱워치와 같은 간단한 재료로 수행할 수 있다.

목표 다양한 모래와 토양의 투과성을 관찰하고 배수 속도를 비교한다.

이론적 배경

투과성(*permeability*)은 공기, 물, 식물의 뿌리가 토양을 통해 얼마나 쉽게 침투할 수 있는지를 나타낸다. 투과성이 높은 토양에서는 물이 빠르게 침투하며, 통기성이 뛰어나 식물 뿌리에 충분한 산소를 공급한다. 뿌리는 투과성이 높은 토양을 쉽게 통과할 수 있다. 물이 토양을 통과하는 속도는 총 공극률뿐만 아니라 공극의 크기와 연속성에도 영향을 받는다. 즉, 토양이 투과성이 있다고 간주되려면, 토양 내의 공극이 연결되어 있어

그림 8.1 터키 이스탄불에서 도로 보수 작업 중 노출된 도시 토양

야 한다. 토양을 구성하는 입자의 크기와 배열도 투과성에 영향을 미친다. 일반적으로 입자 크기가 크고 잘 배열된 물질일수록 투과성이 더 높다.

도시 토지 이용은 토양 투과성에 큰 영향을 미친다. 건설 활동과 보행 증가로 인한 토양 다짐, 도로와 건물 같은 불투수성 표면의 존재, 토양 차폐, 변경된 토양 구성, 배수 시스템 및 오염 등이 도시 지역에서 토양 투과성을 감소시킨다(그림 8.1). 투과성이 감소하면 유거와 토양 침식이 증가하고, 지하수의 재충전이 제한된다. 일반적으로, 도시의 단단한 포장 도로 아래에는 모래와 자갈이 혼합된 층이 깔려 있다.

실험실 실습

소요 시간: 1시간

난이도: 중간

장소: 교실, 실험실, 가정

준비물

- 플라스틱 화분 4~5개
- 받침대 또는 받침 접시
- 눈금 실린더, 100 mL
- 모든 화분에 충분한 모슬린 또는 성기게 짠 면직물(cheese cloth)
- 각 화분에 대한 배수 받침대
- 거친 모래, 중간 모래, 고운 모래 또는 기타 관심 있는 재료 각 1점
- 물
- 스톱워치 또는 타이머
- 토양 시료

절차

1. 플라스틱 화분과 작은 모슬린 천 조각을 준비한다. 모슬린 천을 각 화분의 바닥에 배치하여 배수공을 모두 덮는다(**그림 8.2**).

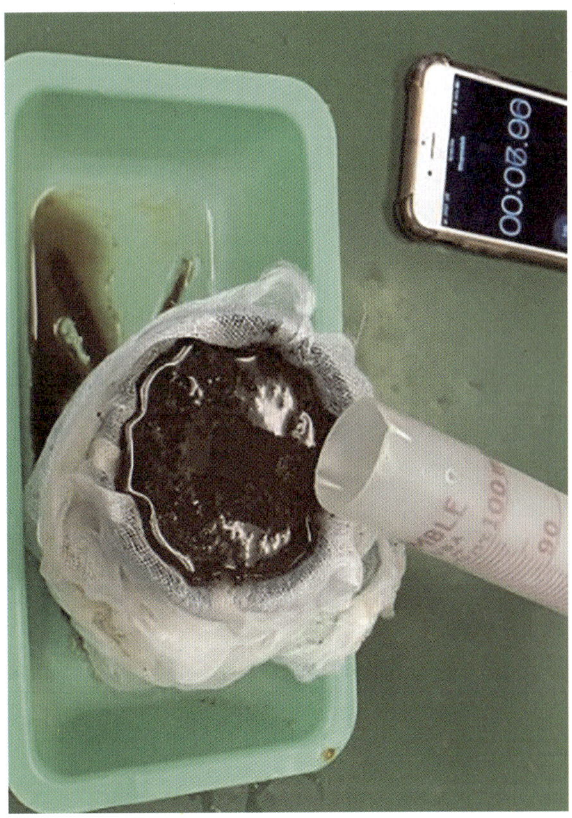

그림 8.2 수분 보유율과 배수 속도 측정을 통한 토양 투과성 평가

그림 8.3 토양의 투과성 평가를 위한 시료: 자갈; 거친 모래, 중간 모래, 고운 모래; 토양(앞줄 왼쪽부터 시계방향으로)

2. 각 화분을 시료로 화분 상부에서 약 2 cm 아래까지 채운다. 모슬린 천이 여전히 배수공을 덮고 있으며 시료가 새어 나오지 않는지 확인한다.
3. 시료(예를 들어 거친 모래)가 든 화분을 배수 받침대 위에 균형 있게 올려놓는다. 배수 받침대는 화분의 중앙에 배치하여 배수공을 막지 않도록 한다.
4. 눈금 실린더를 눈금까지 채우고 거친 모래가 든 화분에 100 mL의 물을 붓는다. 물이 화분을 통과하는 시간을 측정하고 결과표에 기록한다(**그림 8.3**).
5. 물이 완전히 배출되면 플라스틱 받침대에 모인 물을 모아 빈 눈금 실린더에 조심스럽게 다시 붓는다. 배수된 물의 양을 결과표에 기록한다.
6. 배수된 물의 양을 원래 부은 물 100 mL에서 빼서 화분의 거친 모래에 의해 보유된 물의 백분율을 계산한다.

   즉,

   $$\text{화분 속 거친 모래의 수분 보유율} = \frac{\text{가한 물의 양(mL)} - \text{받침대에 배수된 물의 양(mL)}}{\text{가한 물의 양(mL)}} \times 100\%$$
7. 이제 각 받침에 배수된 물의 양을 물이 배수되는 데 걸린 시간으로 나누어 거친 모래의 배수 속도를 계산한다.

즉,

$$\text{배수 속도}(cm^3/sec) = \frac{\text{받침대로 배수된 물의 양}(cm^3)}{\text{배수에 소요된 시간}(sec)}$$

8. 다른 시료에 대해서도 2단계에서 7단계까지 반복한 뒤, 모든 결과를 결과표에 기록한다. 해석 부분의 **표 8.1** 투과성 등급을 참고하여 토양 시료의 투과성 등급을 결정한다.

결과표

시료	배수 소요 시간 (s)	받침대로 배수된 물의 양 (mL)	보유율 (%)	배수 속도 (cm^3/s)	투과성 등급
거친 모래					
중간 모래					
고운 모래					
토양					

해석

토양을 통한 물의 흐름은 토양의 투과성에 크게 영향을 받는다(**표 8.1**). 큰 미세공극(1~2 nm 크기)을 특징으로 하는 사질 토양은 물이 빠르게 아래로 이동하도록 한다. 반면, 과도하게 다져진 점토와 같은 투과성이 낮은 토양은 작고 불연속적인 미세공극 때문에 물의 흐름을 제한한다. 투과성이 높은 토양은 일반적으로 느슨하지만, 투과성이 낮은 토양은 조밀하거나 단단하게 다져진 상태이다. 다져진 토양은 투과성을 크게 저하시킨다.

표 8.1 배수 속도에 따른 투과성 등급

투과성 등급	속도(인치/시간)	속도(cm^3/s)
매우 빠름	>10	>0.05
빠름	5~10	0.02~0.05
다소 빠름	2.5~5	0.01~0.02
중간	0.8~2.5	0.0036~0.01
다소 느림	0.2~0.8	0.0009~0.0036
느림	0.05~0.2	0.0002~0.0009
매우 느림	<0.05	<0.0002

토양 구조도 토양 투과성에 큰 영향을 미치는 요소이다(**그림 8.4**). 입상구조는 상호 연결된 대공극을 특징으로 하여 물이 토양을 쉽게 통과할 수 있게 한다. 반면, 판상구조는 얇고 평평한 층이 겹겹이 쌓여 있어 물의 흐름이 구불구불하고 느려지는 경향이 있다. 각주상구조를 가진 토층은 종종 점토 함량이 많아, 물의 이동을 제한한다. 집괴상구조를 가진 토양은 대공극이 없어 물의 흐름이 토성에 따른 미세공극의 특성에 의해 결정된다.

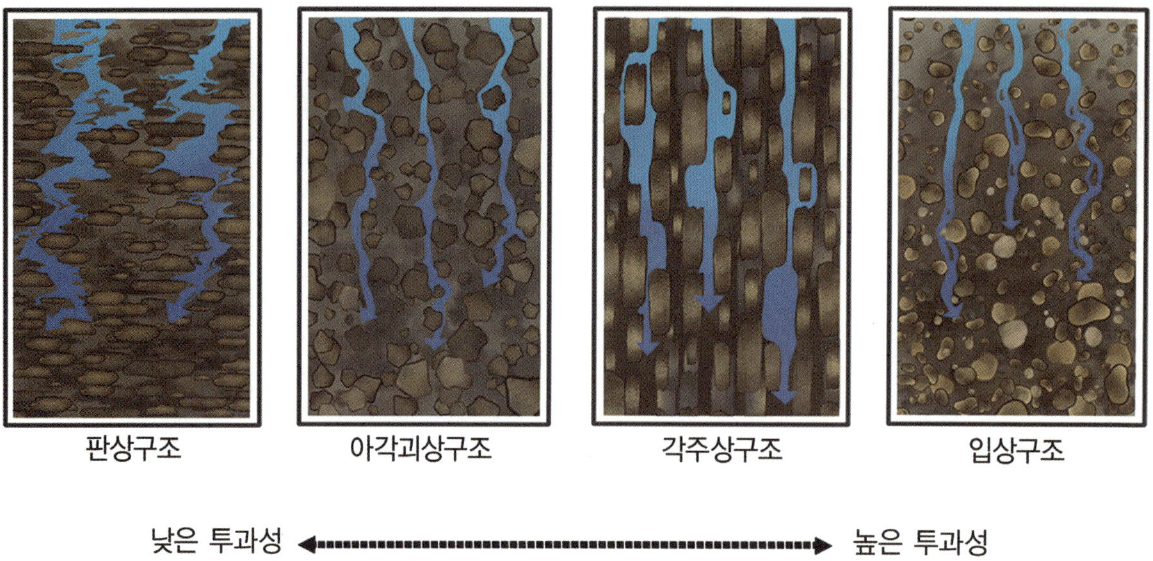

그림 8.4 다양한 토양 구조 형태에 따른 물의 이동 경향(이미지 제공: Neva Powers)

도시 지역에서는 건설 활동으로 인해 매몰된 다짐층이 흔히 형성된다. 이는 중장비가 성토층 위에서 작동한 후, 그 위에 표토를 덮는 방식으로 시공되기 때문이다. 강수는 공극이 많은 표토를 쉽게 통과하지만, 상대적으로 불투수성인 다짐층에 도달하면 물이 고이거나 축적되는 경향이 있다. 이러한 물의 축적은 토양의 통기성을 저하시켜 목본식물(woody plant)의 뿌리 신장을 방해하고, 결과적으로 생장과 발달에 부정적인 영향을 미친다.

질문

1. 배수율이 높고 수분 보유율이 낮으면 토양의 투과성이 높다고 간주할 수 있다. 가장 투과성이 높은 토양 시료와 낮은 토양 시료를 각각 제시하시오.

2. 토양 시료의 투과성에 영향을 미친 요인이 무엇인지 설명하시오.

3. 토양 입자 크기와 투과성 사이에 어떤 관계가 있는지 설명하시오.

4. 점토에 모래 입자를 섞으면 토양의 투과성이 어떻게 변하는지 설명하시오.

5. 실습에 사용된 토양 시료의 투과성과 이를 개선하기 위한 방법에 대해 서술하시오.

참고문헌

Forman RTT (2014) Urban ecology: Science of cities. Cambridge University Press

Lindbo DL, Kozlowski DA, Robinson C (2012) Know soil, know life. Madison, Wis: Soil Science Society of America

Plant & Soil Sciences eLibrary. Soils - Part 2: Physical Properties of Soil and Soil Water. https://passel.unl.edu/pages/informationmodule.php?idinformationmodule=1130447039&topicorder=10 Accessed 14 April 2023

Ward's Exploring Earth Science Lab Activity: Exploring Porosity and Permeability. Ward's Natural Science Establishment, Inc.

토양 투수력 9

개요

제9장은 토양 내 수분의 이동 특성과 그로 인한 식물 생장 영향을 이해하는 데 있어 간결하면서도 효과적인 접근 방식을 제공한다. 이 실습에서는 다양한 토성의 토양을 대상으로 토양의 보수력과 배수 특성에 영향을 미칠 수 있는 수분의 투과 속도를 측정한다. 예를 들어, 거친 토양은 수분을 빠르게 배수시키는 반면, 고운 토양은 수분을 더 많이 보유하여 배수 문제를 일으킬 수 있다. 투수 속도를 측정함으로써 재배자는 토양의 보수력을 정확히 파악하고 이를 효과적으로 관리할 수 있다. 유기물과 부식을 추가하면 투수 속도가 높은 토양의 보수력을 개선할 수 있으며, 투수 속도가 느린 토양은 공극량을 늘려 배수를 개선하는 데 도움이 된다.

목표 토양을 통한 수분의 투과 속도를 측정하고, 그 결과를 바탕으로 토양 구조를 적절히 관리함으로써 식물의 생육을 개선한다.

이론적 배경

토양에서 수분의 이동은 토성에 크게 영향을 받는다. 거친 토양은 빠른 침투(*infiltration*, 물이 토양 표면에서 토양 내로 이동하는 과정)와 투과(*percolation*, 토양을 통과하여 물이 아래로 이동하는 과정)를 촉진하여 빠르게 건조되므로 자주 관수(물 공급)가 필요하다. 반면, 고운 토양은 침투와 투과 속도가 낮아 물이 쉽게 고이고, 이로 인해 토양 내 산소 수준이 낮아진다. 물의 침투와 투과 속도 간의 균형은 최적의 토양 수분 함량과 통기성을 유지하는 데 중요하다. 과도한 투과는 양분 유실과 침수 현상을 초래할 수 있는 반면, 느린 투과는 통기성이 부족하고 무산소 상태가 되어 식물 생장에 부정적인 영향을 미친다.

도시 지역에서는 토지 이용이 물의 투과성에 상당한 영향을 미친다. 도로와 건물 같은 불투수성 표면은 물의 침투를 방해하여 표면 유거를 증가시키고 투과를 감소시킨다. 인공적으로 구축된 빗물 배수 시스템은 물의 빠른 유거를 우선시하여 토양으로의 투과를 더욱 어렵게 만든다. 도시 개발로 인한 토양 다짐은 토양의 수분 흡수 능력을 감소시킨다. 식생이 줄어들면 토양의 보수력과 투과 경로 형성 능력이 저하되며, 인위적으로 변경된 배수 흐름은 물이 토양에 스며들지 못하고 지표면을 따라 흘러 유거량이 증가된다. 또한 도시 지역에서는 각종 오염 물질이 배출되어 토양과 지하수를 오염시키며, 이는 토양의 투과성을 더욱 저하시킬 수 있다. 도시의 농부는 토양 투수력이 식물 생육에 미치는 영향에 대해 이해하고, 토양의 질과 보수력을 개선하는 관리 방안을 통해 지속 가능한 농업을 실현할 수 있어야 한다.

현장 실습

소요 시간: 1시간

난이도: 쉬움

장소: 실외

준비물

- 삽
- 물
- 자
- 타이머

절차

1. 지름과 깊이가 각각 30 cm인 구덩이를 판다(그림 9.1; 보다 정확한 물의 부피를 얻기 위해 측면은 가능한 한 편평해야 한다).
2. 측정용 말뚝을 구덩이 중앙에 놓고 구덩이를 물로 가득 채운다.
3. 연필이나 페인트를 사용하여 측정용 말뚝의 물을 채운 바로 윗부분에 표시한다.
4. 1시간 후, 자를 사용하여 표시한 지점과 현재 물 수준 사이의 차이를 측정한다.
5. 결과표에 결과값을 기록한 후, 해석을 통해 토양의 투과율을 결정한다.

그림 9.1 토양 투수력 측정법(1~3단계)

결과표

위치	물 채우기 전 높이 (cm)	1시간 후 높이 (cm)	물 높이 차이 (cm)	투과율 (cm/시간)

해석

배수율이 시간당 2.5 cm 이상인 거친 토양에서 투과 손실을 최소화하려면, 유기물과 부식 함량의 수준을 유지하여 보수력을 증가시키는 것이 효과적인 해결책이 될 수 있다. 반대로 배수율이 시간당 2.5 cm 이하(높은 점토 함량과 배수 불량을 나타냄)인 토양에서는 유기물을 추가로 투입하면, 토양의 입단 형성과 공극률이 개선되어 배수 능력이 향상된다. 다양한 토성에 따른 수분의 이동(즉, 물의 침투 및 투과)에 대한 개념은 그림 9.2에서 보여준다.

도시 환경에서 물의 투과를 개선하고 지속 가능한 물 관리 방안을 촉진하기 위해서는 책임 있는 토지 이용 계획과 자연 지역의 보존이 필수적이다. 투과성 노면, 옥상 녹화, 빗물 정원 조성(도심의 빗물이 땅에 스며들지 못하고 하천으로 흘러가지 않도록 빗물을 흡수하는 정원을 조성하는 것)과 같은 그린 인프라를 도입하면, 물의 토양 침투를 촉진하고 자연적인 지하수 재충전을 유도함으로써 수분 투과력을 높일 수 있다. 저류지, 생태수로, 인공 습지와 같은 지속 가능한 빗물 관리 기법을 도입하면 유거수의 양과 속도를 지연시켜 침투와 투과를 증가시킬 수 있다. 자연 생태계는 수분을 흡수하고 보유하는 기능을 통해 침투과 지하수 재충전을 돕기 때문에 습지, 숲, 초원과 같은 자연 지역을 보존하는 것은 물의 투과 개선에 중요한 역할을 한다. 또한 보도, 진입로, 주차장에 투과성 포장재를 활용하면 물이 지면을 통해 스며들 수 있어 투과율이 더욱 증가할 수 있다.

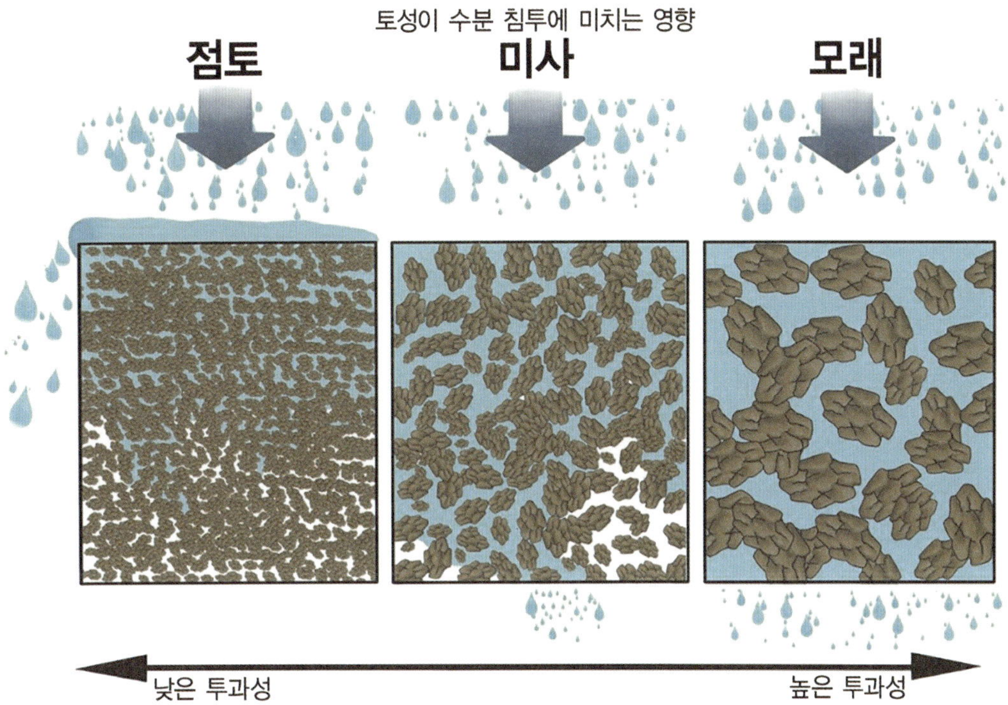

그림 9.2 토성에 따른 물의 이동 차이(이미지 제공: Neva Powers)

질문

1. 도시에서 토양 투수력에 영향을 미치는 요인에 대해 설명하시오.

2. 토양 시료의 투과율을 산출하고 그 의미를 서술하시오.

3. 최적의 식물 생장 조건 측면에서 물의 침투율과 투과율 간 균형의 중요성에 대해 설명하시오.

4. 도시 농업 토양 내 수분 관리의 중요성과 부적절한 수분 관리로 인해 발생할 수 있는 부정적인 영향에 대해 서술하시오.

5. 작물 수확량 증가 및 지속 가능한 농업 실천을 위한 토양 관리 방안에 대해 서술하시오.

참고문헌

Hazelton P, Murphy B (2021) Understanding Soils in Urban Environments. 2nd ed. CABI

Plaster E (2008) Soil Science and Management. 5th ed. Cengage Learning

토양 침식 10

개요

제10장에서는 도시 지역에서의 토양 황폐화와 침식 과정에 대해 학습한다. 토양 침식은 토양이 한 장소에서 다른 장소로 이동하는 자연적인 과정이지만, 도시화는 이 과정을 가속할 수 있다. 이번 실습에서는 플라스틱병, 토양, 멀치, 잔디 종자 또는 뗏장을 사용하여 토양 침식 모델을 구축한다. 병을 각도에 맞춰 고정하고, 인공 강우기나 물뿌리개를 사용하여 강우를 모의 실험한다. 이 실습을 통해 표토 보전의 중요성과 침식으로 인해 이동된 퇴적물이 식물, 물고기, 곤충 등 생태계에 미치는 영향을 설명하며, 도시 지역에서 침식 과정을 완화할 수 있는 방법을 제시한다.

목표 토양 침식 과정과 이를 완화하기 위한 방법에 대해 학습한다.

이론적 배경

침식은 토양이 물로 씻겨 나가거나, 바람에 날리거나, 자연 과정에 의해 한 장소에서 다른 장소로 이동하는 자연 현상이다. 그러나 도시 지역에서는 경운이나 건설과 같은 인간 활동이 식생을 제거하고 오랫동안 토양을 나지 상태로 두어 침식을 가속할 수 있다. 게다가 주차장이나 도로와 같은 불투수성 표면이 많은 도시 토양에서 발생하는 다량의 유거수는 대규모 침식을 유발할 수 있다. 멕시코 수도 멕시코 시티의 쓰레기로 가득 찬 개울에서 침식된 토양 단면이 그 예이다(그림 10.1).

그림 10.1 멕시코 시티의 쓰레기로 가득 찬 개울에서 침식된 토양 단면

표토에는 식물과 동물의 생명을 유지하는 데 필요한 양분 대부분이 포함되어 있으므로 표토를 보전하는 것은 매우 중요하다. 이 토양층이 없으면 해당 지역은 도시 농업과 조경 설계에 부적합하며, 자생 식물의 생존 또한 어려워진다. 또한 침식은 토양 다짐, 식생 부족, 불투수성 표면에서 토양으로 물이 유입되는 경우 발생할 수 있다. 침식은 토양의 보수력과 식물이 건강하게 자랄 수 있는 능력을 방해하고 점차적으로 약화시킨다. 산불이 발생하면 식생을 모두 태워 노출된 토양이 단단하게 굳어 수분을 유지하지 못하는 상태로 변화시킬 수 있다.

실습

소요 시간: 40분

난이도: 중간

장소: 교실, 가정, 실험실

준비물

- 플라스틱병
- 병을 채울 만큼 충분한 양의 토양, 멀치(볏짚이나 비닐 등 토양 표면을 덮을 다른 물질), 다양한 실험재료
- 투명 컵(병 숫자만큼)
- 가위 또는 만능 칼
- 스프링클링 스타일의 물뿌리개, 병 또는 인공 강우기
- 잔디 종자 또는 뗏장

절차

1. 각 병의 한쪽 면을 잘라낸다(**그림 10.2**).
2. 각 병에 토양을 채운다(식물을 기르려는 경우, 지금 식물 종자를 한 병에 심고 싹이 나기를 기다린다).
3. 식물이 없는 병 중 하나에 멀치, 나뭇잎, 퇴비 및 다양한 토양 피복물을 추가하고, 마지막 병의 토양은 덮지 않은 상태로 둔다.
4. 병을 해당 컵 위에 25~40도 각도로 기울여 고정하고, 싹이 난 경우에는 싹이 아래쪽을 향하도록 한다.
5. 각 병의 토양 위에 물을 뿌린다(토양이 안정화할 시간이 없었다면, 각 컵에 있는 침식물에서 처음 몇 센티미터는 버린다).

그림 10.2 다양한 토양과 유기물 재료를 활용한 침식 모델. 유기물이 가장 적은 토양(왼쪽부터 다섯 번째 시료)이 가장 많이 침식되었다. 비교를 위해 사용된 버미큘라이트(왼쪽부터 두 번째 시료)는 수분 대부분을 보유했다.

6. 인공 강우기(또는 물뿌리개)를 사용하여 각 병에 같은 양의 물을 뿌린다.

해석

도시 지역에서는 도로, 건물, 식생의 존재로 인해 하천 둑 침식이 일반적으로 낮다. 그러나 도시 유거수는 하류 홍수를 유발하고, 제초제와 인산염 같은 오염 물질을 지표수에 유입시키며, 지하수 원을 재충전할 수 있는 물의 양을 감소시킨다. 또한 도시 유거수는 따뜻한 토양 표면을 흐르면서 온도가 상승하게 되어, 도시 지역 하천수의 온도를 상승시킴으로써 하천의 건전성을 위협할 수 있다. 건설 현장에서는 폭우로 인해 토양과 기타 물질이 유실되는 심각한 침식을 관찰할 수 있다.

침식 과정을 완화하기 위해 여러 가지 실천 방안을 도입할 수 있다. 예를 들어, 정원사와 도시 농부들은 무경운 또는 다른 형태의 보전 경운을 실천하여 토양에 더 많은 피복 물질을 남기고 정원에서 토양 침식을 최소화할 수 있다. 멀칭을 하거나 낙엽을 그대로 두는 것도 토양을 보호하는 데 도움이 되는데, 특히 굴착 공사를 하거나 풀이 자라지 않는 지역에서 효과적이다. 또한 강둑을 따라 식물과 풀을 심으면 물을 깨끗하게 유지하여 수영과 낚시 환경을 개선할 수 있다.

질문

1. 각 컵에 담긴 물의 맑기(탁도) 차이를 설명하시오.

2. 인공 강우 처리 후 토양 표면에서 관찰되는 것을 설명하시오.

3. 토양 침식을 저감하기 위한 방안에 대해 서술하시오.

참고문헌

Eash NS, Green CJ, Razvi A, Bennet WF (2008) Soil Science Simplified. 5th ed. Blackwell Publishing

Forman RTT (2014) Urban ecology: Science of cities. Cambridge University Press

Plaster E (2008) Soil Science and Management. 5th ed. Cengage Learning

Soil Science Society of America. Building an Erosion Model Handout https://www.soils4teachers.org/files/lessons-and-activities/activities/lessonplan-erosion-model.pdf Accessed June 16, 2023

Part II

화학적 특성

토양 pH

11

개요

제11장에서는 산성도 또는 알칼리도 측정 지표인 토양 pH가 토양 내 이온 용해도, 미생물 활동 및 식물 생장에 미치는 영향에 대해 중점적으로 학습한다. 이번 실습에서는 채취한 토양 시료의 pH를 측정하는 방법을 다룬다. 첫 번째 실습에서는 식초와 베이킹소다를 사용하여 간단하게 토양 pH를 측정하는 방법을 소개하며, 두 번째 실습에서는 pH 키트 사용 방법을 다룬다. 세 번째 실습에서는 토양 시료 제조 및 pH 미터 작동법을 익히고 토양 pH를 측정한다. 결과를 통해 토양 pH 등급과 작물 생장에 적합한 토양 조건을 확인할 수 있다. 대부분의 작물은 pH 6에서 7.4 사이의 중성 또는 약산성 토양에서 잘 자라지만, 일부 작물은 생육에 적합한 특수한 pH 범위를 요구하기도 한다.

목표 토양 pH를 측정하고, pH가 식물의 양분 흡수에 미치는 영향을 이해한다.

이론적 배경

토양 pH는 토양이 얼마나 산성 또는 알칼리성인지를 측정하는 지표이다(**그림 11.1**). 토양 pH는 모재의 종류, 토양 용액 내 이온 구성, 양이온 교환 능력, 관리 방법 등 여러 요인에 의해 영향을 받는다. 토양 pH는 토양 내 이온의 용해도에 큰 영향을 미치며, 이는 미생물 활동과 식물의 양분 흡수에 중요한 역할을 한다. 식물 생장에 필요한 대부분 미량원소와 중금속은 pH 값이 낮을 때 더 쉽게 용해된다.

그림 11.1 미국 메릴랜드주의 극산성 토양(왼쪽)과 애리조나주의 극알칼리성 토양(오른쪽)

습윤한 기후를 가진 미국 동부 지역에서는 강우를 통해 유입된 수소(H^+)와 알루미늄(Al^{3+}) 이온이 염기성 양이온(Ca^{2+}, K^+, Mg^{2+}, Na^+)을 점차 대체하면서, 토양이 점진적으로 산성화되는 현상이 나타난다. 수소이온 농도가 높을수록 토양의 pH는 낮아진다. 일부 식물, 특히 침엽수에서 생성되는 유기산도 토양 pH 값을 낮추는 데 영향을 줄 수 있다. 암모늄 및 황산염 비료 시용은 토양 중 수소이온 농도를 증가시켜 pH 값이 감소하는 반면, 탄산칼슘을 이용한 석회 시용은 토양에 칼슘을 공급하여 교환 가능한 수소이온을 대체함으로써 토양 pH를 높인다.

미국 서부에서는 태평양 북서부 산악 지역(오리건주, 워싱턴주, 캘리포니아주 북부)을 제외하고는 강우량이 적어 토양에서 염기성 양이온, 염분, 탄산염, 황산염이 용탈되지 않으며, 산성 유기물을 공급하는 나무, 특히 침엽수는 그 수가 많지 않다. 또한 이 지역의 풍부한 알칼리성 셰일(혈암)이나 석회암 모재는 토양 pH 값을 높이는 데 기여할 수 있다.

도시 지역에서는 도로 제설제, 콘크리트, 회반죽, 석고, 벽돌, 석탄 연소 생성물, 유리, 철강 슬래그 등의 인공 물질에서 나오는 염기성 양이온의 유입으로 인해 자연 상태의 토양보다 pH 값이 더 높을 수 있다. 토양 pH는 특정 지역 내에서도 크게 변할 수 있으며, 식물 분비물과 미생물 활동으로 영향을 받을 수도 있다. 도시 토양과 지하수에서 흔히 발견되는 중금속의 이동을 제어하기 위해서는 토양 pH를 적절하게 관리하는 것이 중요하다.

실습

소요 시간: 30분

난이도: 쉬움

장소: 실외, 교실, 실험실, 가정

준비물

- pH 키트
- pH 측정기
- 시료당 식초 1/2컵
- 시료당 베이킹소다 1/2컵
- 증류수
- 완충용액
- 50 mL 튜브 또는 비커
- 토양 시료

절차

실습 1

1. 토양 테스트 키트 없이 정원 토양의 pH를 테스트한다. 정원의 여기저기에서 한 컵의 토양을 채취하여 별도의 용기에 토양을 각각 두 숟가락씩 넣는다.
2. 토양에 식초 1/2컵을 넣는다. 거품이 생기면 알칼리성 토양이며 pH는 7에서 8 사이이다.
3. 식초 테스트에서 거품이 생기지 않으면, 식초를 넣지 않은 다른 용기에 증류수를 가하여 토양이 질척거리는(muddy) 상태가 되게 한다. 베이킹소다를 두 숟가락씩 넣는다. 거품이 생기면 산성 토양으로 pH는 5에서 6 사이일 가능성이 크다.
4. 토양이 전혀 반응하지 않으면 중성 토양이며 pH는 7이다.

실습 2

1. 제공된 설명서에 따라 pH 키트를 사용한다(**그림 11.2**). 아래의 결과표에 pH 값을 기록한다.
2. 나중에 pH 미터 측정값(실습 3)과 키트 결과를 비교한다.

그림 11.2 토양 pH 측정용 키트

실습 3

pH 측정 시 미국은 주로 토양:증류수를 부피비로 1:1로 혼합하여 측정하나, 우리나라에서는 토양:증류수를 (무게:부피)비로 1:5로 혼합하여 측정함. 이 두 값은 약간의 차이는 있으나 일반적인 pH 범위를 평가하는 데는 문제가 없음.

1. 제조사의 지침에 따라 pH 측정기를 보정한다. 증류수로 pH 미터 전극과 온도 전극을 철저히 헹군다. pH 측정기와 함께 제공된 완충용액을 사용하여 2점 또는 3점 보정을 수행한다.
2. 사용할 증류수의 pH를 확인하고 6.5에서 7.2 사이인지 확인한다.
3. 50 mL 튜브에 신선한 토양 시료 15 mL를 넣는다. 큰 입자, 잎 또는 뿌리는 제거한다. 채워진 토양이 15 mL 표시에 도달할 때까지 튜브의 바닥을 테이블에 여러 차례 두드려 토양을 안정시킨다.
4. 각 튜브에 증류수를 30 mL 표시에 맞추어 추가하고 30초 동안 세게 흔들어 슬러리(흙탕물)를 만든다.
5. 슬러리가 든 튜브를 10분 동안 가만히 두어 용액이 맑아지게 한다. 그러나 pH가 시간에 따라 변할 수 있으므로 슬러리를 2시간 이상 방치하지 않는다.
6. pH 전극을 저장 용액에서 꺼내어 증류수로 철저히 헹군다. 온도 전극(있는 경우)도 헹군다. 두 전극을 상징액(위쪽 맑은 용액)에 넣되 침전물에는 넣지 않는다. pH

측정기 값이 안정될 때까지 잠시 기다린다(일반적으로 30초 이내). 측정된 값을 기록한다(그림 11.3).

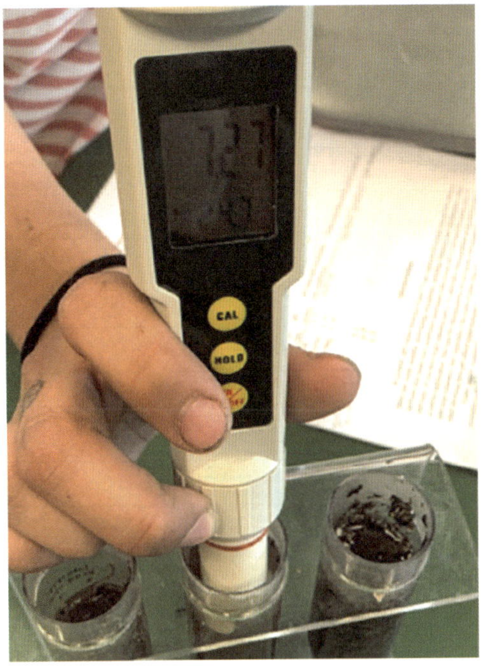

그림 11.3 pH 측정기를 이용한 토양 pH 측정

표 11.1 토양 pH, pH 등급 범위 및 관련된 토양 조건과 주변 경관

토양 pH 범위	pH 등급	토양 조건	주요 발생 지역 및 특징
< 4.5	극산성	대부분 식물에 유독, 미생물 활동 제한	드물며, 주로 심하게 교란된 토양 또는 산업 지역 토양에서만 발견됨
4.5~5.0	매우 강한 산성	호산성 식물에 적합한 환경	산성 숲과 습지 토양
5.1~5.5	강한 산성	일부 호산성 식물에 적합한 환경	침엽수림 토양
5.6~6.0	중간 정도의 산성	많은 식물과 일부 미생물 활동에 적합	혼효림(mixed forest)과 초지 토양
6.1~7.0	약산성에서 중성	대부분 식물에 적합, 미생물 활동 양호	대부분의 농경지 및 정원 토양
7.1~8.0	중간 정도 알칼리성	일부 식물에 부적합, 미생물 활동 제한	건조 및 반건조 지역, 사막 토양
8.1~9.0	강알칼리성	몇몇 식물만 생존 가능, 미생물 활동 제한	해안 염습지와 사막 알칼리 평원(flats)
> 9.0	극알칼리성	대부분 식물에 유독, 미생물 활동 제한	고염도 사막과 알칼리성 호수 바닥(lake bed)

7. 다른 시료를 측정할 때는 전극을 증류수로 잘 헹구고 종이 티슈로 닦아서 건조한다.
8. 측정값과 **표 11.1**, 이번 장의 해석 그리고 부록 2의 내용을 종합하여 아래 결과표에 적는다.

결과표

시료	pH(키트)	pH(측정기)	pH 등급 및 관련된 토양 조건	재배 가능한 작물

해석

일반적으로 작물의 생육을 위해서는 토양 pH가 약간 산성에서 중성인 6.0에서 7.4 사이가 가장 적합하다. 그러나 블루베리와 철쭉처럼 산성 토양을 선호하는 작물은 낮은 pH 조건에서 더 잘 자란다(부록 2a 참조). 토양 pH가 낮으면(산성) 석회를 투입하여 pH를 높일 수 있으며, pH가 높으면(알칼리성) 황을 추가하여 pH를 낮출 수 있다. 비료를 뿌릴 때는 비료 포대의 지침에 따라 올바른 양을 사용하는 것이 중요하다. 특정 토지 이용과 작물 내성에 따른 토양의 질 해석은 해당 지역에 따라 달라질 수 있다.

산성 조건에서는 미량 영양소가 더 잘 용해되어 식물에 보다 더 쉽게 흡수될 수 있다(부록 2b 참조). 그러나 매우 산성인 조건에서는 알루미늄, 철, 망간이 지나치게 용해되어 독성 수준에 도달할 수 있다. 토양 산도는 토양 미생물에도 영향을 미친다. 예를 들어, 토양 pH가 6.0 이하로 낮으면 박테리아 활동이 매우 감소한다. 산성 토양 조건은 특정 제초제의 효과를 감소시킬 수 있다. 적절한 토양 pH 수준을 유지하면 식물 양분의 가용성이 최적화되고, 유해 원소의 용해도가 최소화되며, 유익한 토양 미생물이 가장 활발하게 활동할 수 있다. 도시 경관에서 다양한 pH 범위에 적합한 식물과 pH가 식물 양분 가용성에 미치는 영향에 대한 자세한 내용은 부록 2a를 참조하시오.

도시 개발은 토양 pH 수준에 크게 영향을 받는다. 강한 산성 토양($\text{pH}_{\text{증류수}}$ 4.0~5.5)은 각종 배관의 부식(corrosion) 문제를 일으킬 수 있으며 식생의 생육에 심각한 영향을 미친다.이는 $\text{pH}_{\text{증류수}}$ 값이 5.5 이하 또는 $\text{pH}_{\text{염화칼슘}}$ 값이 4.7 이하이면, 알루미늄이온이 용해되어 식물 뿌리에 독성이 될 수 있기 때문이다. 그러므로 건강한 식물 생장을 위해서는 이보다 높은 pH 값이 필요하다. 반면, 강한 알칼리성 토양($\text{pH}_{\text{증류수}}>9.0$)은 높은 염분과 탄산염 수준을 가지고 있어 도로, 건물 기반과 식물 생육 모두에 손상을 줄 수 있다. 환원 조건 또는 저산소 환경에서 생성된 특이산성토양(acid sulfate soil)은 공기와 산소에 노출될 때 $\text{pH}_{\text{증류수}}$ 값이 매우 낮다(2.0~3.0, 때로는 <2.0). 토양의 황철광이나 황화물은 호기성 환경에서 황산염으로 산화되어 상당한 양의 산을 생성하기 때문이다. 이 때문에 특이산성토양은 도시 기반 시설과 도시 환경에 큰 문제가 된다.

질문

1. 토양 pH가 식물에 미치는 영향에 대해 설명하시오.

2. 실험 결과를 바탕으로, 여러분의 토양에서 재배할 수 있는 식물을 제안하시오(부록 2a 참조).

3. 토양의 pH 수준이 중성보다 훨씬 높거나 낮다면, 이를 개선하기 위한 방안에는 무엇이 있는지 서술하시오.

4. 도시 토양의 높은 pH 값을 유발시키는 인위적인 요인을 제시하시오.

참고문헌

Hazelton P, Murphy B (2021) Understanding Soils in Urban Environments. 2nd ed. CABI

Howard J (2017) Anthropogenic Soils, Progress in Soil Science, Springer International Publishing AG

Soil Science Division Staff (2017) Soil survey manual. Ditzler C, Scheffe K, Monger HC (eds.). USDA Handbook 18. Government Printing Office, Washington, D.C.

Soil Quality Test Kit Guide (2001) USDA NRCS Soil Quality Institute

토양 염도 12

개요

제12장은 전기전도도(EC)와 총용존고형물(TDS)을 측정하여 토양 시료의 염도(salinity)를 평가하는 것을 목표로 한다. 토양 내 과도한 염분 농도는 식물의 양분 흡수를 방해하고 생육에 해를 끼치며, 수분의 이동을 저해할 수 있다. 염분은 제설염과 빗물에 녹아든 오염물질 등 도시 개발 과정에서 발생할 수 있다. 이번 실습에서는 증류수와 토양 시료를 혼합하여 10~30분 동안 염분을 녹인 후, 염도계를 사용하여 EC와 TDS를 측정한다. EC 측정은 토양 내 염분 농도를 나타내는 지표로, 음이온이나 양이온의 양이 많을수록 EC 값은 높아진다. EC 측정 결과를 통해 염분도 등급을 판별하고, 이에 따른 미생물 및 식물 반응을 예측할 수 있다. 이 실습은 간단한 방법으로 토양 염도를 측정하여 식물의 건강한 생장을 위한 토양 관리를 가능하게 한다.

목표 전기전도도와 총용존고형물 측정값을 이용하여 도시 환경에서 토양 염도 수준을 평가한다.

이론적 배경

토양 내 과도한 염분은 식물 건강에 해를 끼치고 수분의 이동을 방해하여 표토 다짐을 초래할 수 있다. 토양 용액의 염도는 토양 수분에 녹아 있는 이온의 양을 나타내며, 식물은 이 토양 용액에서 무기양분을 흡수한다. 그러나 과도한 이온 농도는 식물에 악영향을 끼치며 양분 흡수를 방해할 수 있다.

그림 12.1 미국 애리조나 투손의 염도가 높은 사막토양

모든 토양에는 식물 생장에 필요한 염분이 포함되어 있지만, 과도한 염분은 토양과 수분 간 균형을 방해하여 생장을 저해할 수 있다. 염분이 많은 토양은 종종 미국 서부의 건조 및 반건조 지역에서 발견되는데 이는 연간 강우량이 적어 토양 단면에 염분이 축적되기 때문이다(**그림 12.1**). 토양 이용 및 관리도 과도한 염분 축적의 원인이 된다.

도시 개발은 도시 토양 내 염분 문제를 유발할 수 있으며, 이는 누수 증가, 과도한 관개, 비료의 과다 사용, 도로 제설제 살포, 바람에 실려오는 해양 분무, 빗물에 녹아든 오염 물질, 높은 증발률, 지하수위 상승, 외부 반입 토양 등 다양한 요인으로 발생할 수 있다. 제설제와 석고는 도시 토양에 높은 수준의 용해성 염분을 생성할 수 있지만, 이는 용탈에 의해 빠르게 소멸되기도 한다.

염류 기반의 제설제는 토양 내 중금속의 용해도와 이동성을 높여 중금속이 유입되는 수질에 위험을 초래할 수 있다. 토양 내 염화나트륨 농도가 증가하면 납과 수은이 지하수와 하천으로 유출될 수 있다. 그러나 경우에 따라 염분은 납을 더 깊은 토양층으로 이동시켜 표층의 위해성을 줄이고 점진적인 복원 전략을 가능하게 할 수 있다.

염도는 일반적으로 토양의 총용존고형물(TDS)과 전기전도도(EC)로 표시된다. TDS는 물에 용해된 고형물의 총량을 나타내며, 여기에는 용해된 염분이 포함된다. 토양 시료에서 추출한 수용액의 TDS는 <500 mg/L (ppm) ~ 1000 mg/L (ppm)< 범위에 있다. EC는 토양-수분 혼합물의 전기 전도 능력을 측정하며, 용액에 존재하는 양이온 또는 음이온의 양을 감지한다. 전형적으로 염도와 관련된 이온에는 Ca^{2+}, Mg^{2+}, K^+, Na^+, H^+(양이온) 또는 NO_3^-, SO_4^{2-}, Cl^-, HCO_3^-, OH^-(음이온)이 있다.

실험실 실습

소요 시간: 40분

난이도: 쉬움

장소: 실외, 교실, 가정, 실험실

준비물

- 염도계
- 증류수
- 표준 완충용액
- 비커(예: 50 mL 튜브)

절차

1. 염도계 안내서에 따라서 비커에 토양과 증류수를 1:1, 1:2, 또는 1:5 비율로 혼합한다. 이 혼합물을 잘 섞고 10~30분 동안 방치하여 염분이 용해되도록 한다.
2. 전극을 표준 완충용액에 넣고 읽은 값을 기록하거나 염도계의 지침에 따라 염도계를 보정한다.
3. 염도계의 전극을 튜브 상단의 맑은 용액에 넣는다(**그림 12.2**). 전극을 튜브 바닥에 가라앉은 토양에 밀어 넣지 않는다. 염도계의 숫자가 안정될 때까지 기다린 후 EC 값과 단위를 결과표에 기록한다.
4. 모드를 전환하여 TDS 값을 기록한다.
5. 각각의 시료를 측정할 때마다 전극을 증류수로 철저히 헹군다.
6. 모든 토양 시료를 측정한 후 염도계 전극의 품질 관리를 위해 표준 완충용액을 다시 측정한다.
7. **표 12.1**을 참조하여 염도 등급, 식물이나 미생물 반응을 확인한다.

그림 12.2 전기전도도(EC)와 총용존고형물(TDS) 측정을 통한 토양 염도 평가

표 12.1 전기전도도 및 총용존고형물 측정값과 이에 따른 염도 등급 및 식물과 미생물 반응 (토양:증류수 비율 1:1). [Soil Survey (1993), Janzen (1993), Smith and Doran (1996)에서 발췌함]

전기전도도 (dS/m 또는 mmhos/cm, 25°C에서)	총용존고형물 (ppm 또는 mg/L)	염도 등급	식물 반응	미생물 반응
0~0.98	0~630	비염류	무시할 수 있음	미생물이 거의 영향을 받지 않음
0.98~1.71	630~1,095	매우 약한 염류	민감한 식물에 영향 있을 수 있음	질산화 및 탈질산화 같은 일부 과정이 변화될 수 있음
1.71~3.16	1,095~2,020	약한 염류	식물 대부분에 영향 있음	호흡 및 암모니아화 같은 주요 과정에 영향 있음
3.16~6.07	2,020~4,855	중간 정도의 염류	내염성 식물만 생존	내염성 미생물이 우세함(예: 방선균, 일부 박테리아, 곰팡이 등)
> 6.07	> 4,855	강한 염류	내염성 강한 식물만 생존	일부 호염성 미생물만 활동 가능함

결과표

시료	EC(단위)	TDS(단위)	염도 등급	미생물 및 식물 반응

참고로, 가장 일반적으로 사용되는 EC 단위는 dS/m와 mmhos/cm이며, 1 dS/m = 1 mmhos/cm이다. EC는 TDS로 쉽게 변환할 수 있으며 그 반대도 가능하다. 다음 식과 해석에서 사용하는 EC는 토양:증류수=1:1로 측정한 값이다.

- TDS(mg/L 또는 ppm) = EC(dS/m) × 640(EC 0.1~5 dS/m)
- TDS(mg/L 또는 ppm) = EC(dS/m) × 800(EC > 5 dS/m)
- TDS(mmol/L) = EC(dS/m) × 10

해석

과도한 염분은 식물의 생육에 해로운 영향을 미칠 수 있다. 직접적인 독성, 식물 내 이온 균형 파괴, 양분 흡수 방해[예: 높은 염분 농도로 인해 칼슘 흡수가 방해되어 발생하는 토마토의 배꼽썩음병(blossom-end rot), 삼투압 감소로 인한 유효수분 감소] 등이 그 예다. 종종 교환성 나트륨 백분율(ESP, exchangeable sodium percent)로 표현되는 과도한 나트륨(Na^+)은 토양 점토를 분산시켜 토양 구조를 악화시킬 수 있다.

일반적으로 좋은 토양 전기전도도(EC) 수준은 200 μS/cm~1200 μS/cm(1.2 mS/cm) 범위가 되어야 한다. EC가 200 μS/cm 이하인 토양은 식물에 충분한 양분을 공급하지 못하며, 미생물 활동이 거의 없는, 멸균된 토양임을 나타낼 수 있다. EC가 1200 μS/cm 이상이면 비료 과다 시용이나 배수 불량으로 인한 염분 문제가 있을 수 있다. 작물 재배 기간 동안 EC 변화를 관찰하면 미생물이 토양에서 더 많은 양분을 방출하는지, 또는 작물이 이용 가능한 모든 영양소를 소비하는지를 판단하고 비료 시용을 적절히 조정할 수 있다.

자연 토양 A층의 전기전도도(EC)는 110 µS/cm 이하지만, 인위토양의 표층은 평균적으로 이보다 3~4배 높은 335~468 µS/cm이다. 석회질 및 철분이 함유된 건축 폐기물은 철거 현장에서 EC 수준을 높일 수 있으며, 석탄회(fly ash)에 영향을 받은 토양과 공장 지역 토양은 석탄이나 제철 폐기물에서 유래한 철분에 더 영향을 받을 수 있다.

과도한 이온 농도에 대한 가장 일반적인 처리는 토양을 철저히 용탈하여 과도한 이온을 씻어내거나 희석하는 것이다. 그러나 일부 토양은 과도한 이온을 축적하는 경향이 있으므로 작물의 양분 요구를 충족하기 위해 신중하게 관리해야 한다.

토양 염도는 도시 개발에 큰 영향을 미친다. 토양 내 과도한 염분은 식물 생장을 크게 저해하여 공원과 정원 같은 녹지를 조성하는데 어려움을 초래할 수 있다. 또한 염분이 높은 토양은 벽체를 따라 수분이 상승하는 현상(rising damp)을 통하여 염분 이동을 초래하고, 결국 공공기반시설에 피해를 유발할 수 있다. 염분이 높은 토양은 철, 강철, 콘크리트 재료의 부식성을 증가시켜 다리, 도로, 보도와 같은 구조물에 부정적인 영향을 미칠 수 있다.

질문

1. 토양 시료의 가용성 염분 농도와 작물 생산성과의 관계를 설명하시오.

2. 토양 시료의 염도가 토양 미생물 군집에 미칠 영향에 대해 설명하시오.

3. 토양의 염도가 부적합할 때, 이를 해결할 방안을 제시하시오.

4. 염분에 내성이 있는 식물의 예를 드시오.

5. EC를 기준으로 어떠한 양분 유효도를 예상할 수 있는지 설명하시오.

참고문헌

Fitter AH, Hay RKM (1987) Environmental physiology of plants. 2nd ed. Academic Press London

Hazelton P, Murphy B (2021) Understanding Soils in Urban Environments. 2nd ed. CABI

Howard J (2017) Anthropogenic Soils, Progress in Soil Science, Springer International Publishing AG

Nelson SS, Yonge DR, Barber ME (2009) Effects of road salts on heavy metal mobility in two eastern Washington soils. J. Environ. Eng.

Plaster EJ. (2002) Lab Manual to Accompany Soil Science & Management 4th ed. Developed by Gibson PG

Soil Quality Test Kit Guide (2001) USDA NRCS Soil Quality Institute

Sun H, Alexander J, Gove B, Koch M (2015) Mobilization of arsenic, lead, and mercury under conditions of sea water intrusion and road deicing salt application. J. Contam. Hydrol. 180, 12-24.

양이온교환용량 13

개요

제13장에서는 토양의 비옥도와 양분 보유 능력의 지표인 양이온교환용량(CEC)을 측정하는 데 중점을 둔다. 양이온 교환은 용액의 양이온이 점토와 부식 입자에 흡착되어 있던 양이온을 대체하면서 발생하는 현상이다. 이러한 입자들은 표면에 음전하를 가지고 있어 양이온을 끌어당기고 흡착함으로써 토양 내 양분을 저장하고 공급하는 역할을 한다. 이번 실습에서는 0.2N KCl과 증류수를 사용하여 토양 시료를 여과하고, 여과액에 포화 옥살산암모늄을 처리하여 칼슘함량을 분석한다. 점토, 유기물, 부식이 풍부한 토양은 높은 CEC를 가지며, 모래 토양은 낮은 CEC를 가지고 있어 양분이 용탈되어 손실되기 쉬운 특성을 지닌다. 유기물을 토양에 투입하는 것은 CEC와 양분 보유를 증가시키는 효과적인 방법이다.

목표 토양 입자가 양전하를 띤 양분 이온을 흡착하고, 이를 토양 용액과 교환하는 능력에 대해 학습한다.

이론적 배경

양이온교환용량(*cation exchange capacity*, *CEC*)은 토양의 비옥도와 양분 보유 능력을 결정하는 중요한 토양 특성이다. CEC는 점토 유형과 양, 부식 함량, 토양 pH 등 여러 요인의 영향을 받는다. 양이온 교환은 토양 용액 중 양이온이 토양 입자에 흡착된 양이온을 대체할 때 발생하며, 이는 교환 복합체(exchange complex)를 구성한다. 점토 입자, 유기물, 부식과 같은 토양 콜로이드는 표면에 음전하를 가지고 있어 양이온을 끌어당기고 유지할 수 있다. 도시 토양은 대부분 최근에 조성되어 유기물과 부식 함량이 낮으며, 이에 CEC도 낮은 경향을 보인다. CEC의 표준 단위는 토양 1 kg 당 양전하의 센티몰(cmol(+)/kg)이다.

도시화는 종종 식생 제거와 유기물 손실을 수반한다. 유기물은 넓은 표면적과 음전하를 가지고 있어 양이온을 끌어당기고 유지할 수 있으므로 CEC 유지에 중요한 역할을 한다. 즉, 도시화 과정에서 유기물 손실은 토양의 양이온 보유 및 교환 능력을 감소시킬 수 있다.

도시 지역에서는 비료 시용, 관개, 조경 기술 등 다양한 토지 관리 방법이 적용된다. 부적절한 비료 시용이나 관개는 유효 양이온의 불균형을 초래하여 도시 토양의 CEC에 영향을 미칠 수 있다. 과도하거나 부적절한 비료 시용은 특정 양이온의 축적을 초래하여 다른 필수 양이온의 교환 능력에 영향을 미칠 수 있다(그림 13.1).

그림 13.1 미국 뉴욕시 브루클린 커뮤니티 정원에서의 비료 시용

토양학에서는 음이온(그림 13.3)보다 양이온(그림 13.2)에 대한 연구가 더 활발하게 이루어진다. 이는 토양 입자 표면의 음전하로 인해 양이온이 토양 콜로이드에 더 강하게 흡착되어 유지되기 때문이다. 그 결과, 양이온은 토양의 양분 가용성과 pH에 더 큰 영향을 미친다. 음이온은 토양에서 더 쉽게 이동하며 용탈될 수 있어 토양 산성화와 양분 유효도의 감소를 초래할 수 있다. 그러나 식물 생장과 토양의 기능적 안정성을 위해서는 양이온과 음이온의 균형이 중요하며, 이러한 이온 간의 조화는 토양 비옥도를 극대화하는 데 필수적이다.

그림 13.2 토양의 양이온 교환 위치에서의 결합(이미지 제공: Thomas Wang, missionazul.com)

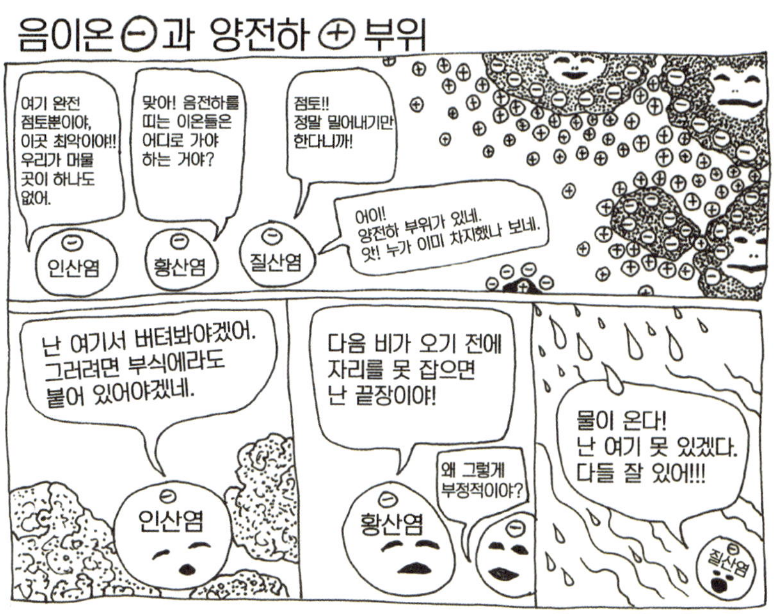

그림 13.3 음이온과 토양의 양전하 부위(이미지 제공: Thomas Wang, missionazul.com)

실험실 실습

소요 시간: 45분

난이도: 중간

장소: 교실, 실험실

준비물

- 깔때기
- 여과지
- 비커
- 0.2N KCl 용액
- 증류수
- 포화 옥살산암모늄 용액
- 토양 시료

절차

1. 여과를 위해 두 개(또는 그 이상)의 깔때기를 준비한다. 깔때기 아래에 깨끗하고 번호가 매겨진 시험관을 놓는다.
2. 깔때기에 큰 숟가락 두 개 분량의 토양 시료를 넣는다. 가한 액체가 여과지 측면으로 흐르지 않고 토양을 통과하도록 각 토양의 가운데 부분을 눌러서 오목하게 만든다.
3. 깔때기 #1에 0.2N KCl 용액 30 mL를 천천히 가하여 여과액으로 시험관의 1/4을 채운다.
4. 깔때기 #2에 증류수 30 mL를 천천히 가하여 여과액으로 시험관의 1/4을 채운다. 이것은 대조구이다.
5. 각 시험관에 포화 옥살산암모늄 용액을 5방울씩 첨가한 후, 여과액 내의 칼슘을 반응시켜 테스트한다. 흐린 흰색 침전물(옥살산 칼슘)의 형성은 여과액에 칼슘이 존재함을 나타낸다.

$$Ca^{2+} + (NH_4)_2C_2O_4 \rightarrow 2NH_4^+ + CaC_2O_4(\text{침전})$$

6. 관찰한 내용을 결과표에 기록하고, 탁도를 높음/중간/낮음으로 표시한다. 예시는 그림 13.4에 나와 있다.

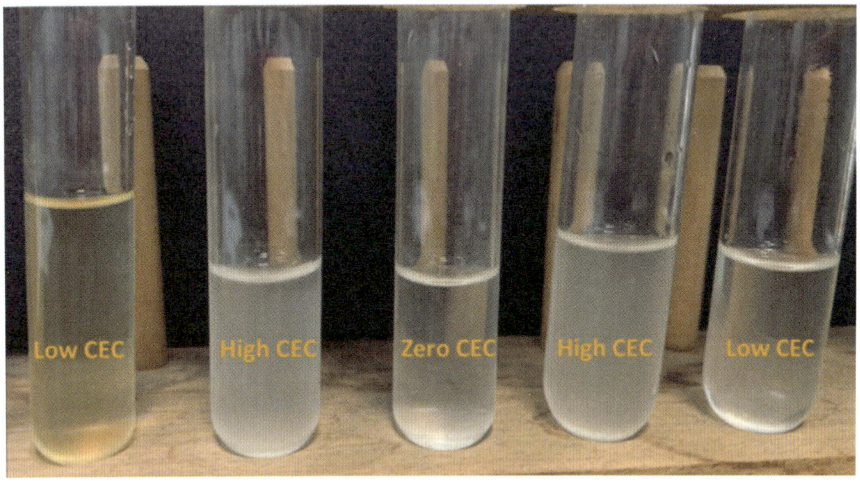

그림 13.4 다양한 토양 매질에서 탁도 분석을 통해 결정된 CEC 수준의 예시. 왼쪽에서 오른쪽 순으로: 미사질양토, 유기물이 혼합된 미사질양토, 백악기 점토, 사질식양토, 화분용 상토가 혼합된 버미큘라이트

결과표

시료	탁도(높음, 중간, 낮음)

해석

점토, 유기물 또는 부식이 풍부한 토양은 높은 CEC를 가지고 있지만, 주로 모래 입자로 구성된 토양(화학적으로 비활성)은 낮은 CEC를 가지고 있다(**표 13.1**, **그림 13.5**). CEC가 높은 토양은 칼륨(K), 마그네슘(Mg), 칼슘(Ca)과 같은 주요 양이온을 효과적으로 흡착·보유할 수 있어 용탈에 의한 손실에 덜 취약한 반면, CEC가 낮은 토양은 이러한 양이온을 유지하는 능력이 부족해 결핍이 발생할 가능성이 더 크다. 사토에 다량의 양이온 양분을 공급하면 쉽게 용탈될 수 있으므로, 적은 양을 자주 공급하는 것이 더 좋다. 사토는 식토보다 토양 pH가 더 빨리 감소하기 때문에 더 자주 석회를 시용해야 한다.

반대로, CEC가 높을수록 토양 pH를 높이기 위해 더 많은 양의 석회를 공급해야 한다. 토양입자의 교환 부위에 Ca 65%, Mg 15%, K 4%, Na(나트륨) 1~5%로 포화되었을 때 식물의 양분 밀도, 생육 강도, 수확량, 해충 및 질병 저항성이 가장 커진다. 유기물(예: 퇴비, 바이오솔리드, 바이오차)을 토양에 공급하는 것은 CEC와 양분 보유력을 증가시키는 가장 효과적인 방법이다.

표 13.1 중성 pH 조건에서 토성, 유기물 함량 및 점토 유형에 따른 CEC 추정값[Mengel; Sonon et al. (2022)에서 수정됨]

토성	CEC(cmolc/kg)	유기물 함량 및 점토 유형	CEC(cmolc/kg)
순수한 모래	1~5	유기물이 풍부한 토양	50~100
옅은 색 모래	3~5	순수한 유기물	200~400
고운 사양토	5~10	카올리나이트	3~15
양토	5~15	일라이트	15~40
짙은 색 모래	10~20	몬모릴로나이트	80~100
옅은 색 양토 및 미사질양토	10~20		
짙은 색 양토 및 미사질양토	15~25		
식양토	15~30		
짙은 색 미사질식양토 및 미사질식토	30~40		

그림 13.5 식질 토양, 모래 토양, 유기물과 부식질이 풍부한 토양에서의 양이온 교환(이미지 제공: Hannah Cormier)

질문

1. **표 13.1**의 설명을 참고하여 토성을 기준으로 시료의 CEC를 추정하시오.

2. 토양 CEC에 영향을 미칠 수 있는 토양 특성과 실제로 분석된 토양 시료의 CEC에 영향을 미친 요소에 대해 설명하시오.

3. 토양 CEC를 향상시키는 방안에 대해 서술하시오.

참고문헌

Brady NC, Weil RR (2016) The nature and properties of soils. 15th ed., Pearson

Cornell University Agronomy Fact Sheet #22: Cation Exchange Capacity (CEC). http://nmsp.cals.cornell.edu/publications/factsheets/factsheet22.pdf Accessed on May 14, 2023

Howard J (2017) Anthropogenic Soils, Progress in Soil Science, Springer International Publishing AG

Mengel DB. Agronomy Guide. Purdue University Cooperative Extension Service. Fundamentals of Soil Cation Exchange Capacity (CEC). https://www.extension.purdue.edu/extmedia/ay/ay-238.html Accessed on July 2, 2023

Sonon LS, Kissel DE, Saha U (2022) UGA Cooperative Extension Circular 1040. Cation Exchange Capacity and Base Saturation. https://secure.caes.uga.edu/extension/publications/files/pdf/C%201040_3.PDF Accessed on July 2, 2023

토양 탄산염 14

개요

제14장은 4M HCl(염산)을 사용하여 토양 시료의 탄산염 함량을 분석하는 것에 중점을 둔다. 탄산염은 토양 비옥도, 침식 가능성 및 물 가용성에 중요한 역할을 한다. 토양 내 탄산염 함량은 염산과 탄산염의 반응을 통하여 추정하는데, 이는 입자 크기, 광물 조성, 온도 등의 요인에 영향을 받는다. 기포발생의 강도와 지속 시간은 토양 매질 내 탄산염 함량을 상대적으로 나타내는 지표가 된다. 기포발생은 탄산염의 존재를 확인하는 것으로, 이는 1차 탄산염, 2차 탄산염 또는 둘 다일 수 있으며, 특정 위치에 존재할 수 있다. 고농도의 산을 사용할 때는 주의가 필요하며, 정확한 결과를 위해 여러 위치에서 채취한 토양 시료를 분석해야 한다.

목표 토양 내 탄산염의 존재를 확인하고, pH, 비옥도 등 토양의 화학적 특성에 미치는 영향에 대해 학습한다.

이론적 배경

탄산염은 CO_3^{2-}라는 기본적인 음이온 구조를 특징으로 하는 광물 화합물이다. 자유 탄산염(CO_3^{2-})은 토양 입자를 감싸고 있는 복합체로, 종종 pH가 7 이상인 건조 기후에서 생성된다. 또한 석회암과 백운석(dolomite)과 같은 탄산염으로 구성된 모재를 가진 일부 토양 단면에서도 발견될 수 있다. 탄산염은 토양 pH를 완충하는 중요한 역할을 하며, 이는 토양이 pH 변화에 저항하는 능력이 갖고 있음을 의미한다. 탄산염은 Ca, Mg, K, Na와 같은 염기의 상대적 풍부함을 나타내며, 그 분포와 양은 토양 비옥도, 침식 가능성 및 가용 수분 용량에 영향을 미친다. Ca^{2+}의 존재는 점토 응집을 촉진한다.

그림 14.1 미국 플로리다주 걸프포트의 꽃밭에 멀치로 사용된 조개껍질(탄산칼슘)

토양에서는 다양한 1차 탄산염(모재로부터 생성) 및 2차 탄산염(토양 용액 내에서 이동한 후 침전되어 형성된 것)을 찾아볼 수 있다. 가장 일반적인 탄산염 광물로는 방해석($CaCO_3$)과 백운석[$CaMg(CO_3)_2$]이 있으며, 이보다 덜 흔한 형태로는 탄산나트륨(Na_2CO_3)과 능철석($FeCO_3$)이 존재한다.

도시 토양에는 다양한 경로를 통해 탄산염이 유입될 수 있다. 특히 석회석을 함유한 콘크리트와 시멘트 등 건설 자재는 풍화 및 분해 과정에서 탄산염을 방출하며, 이는 유거수에 의해 주변 토양으로 이동된다. 도시 정원과 조경 지역에서 흔히 사용되는 석회는 탄산칼슘으로 구성되어 있어 탄산염 함량을 증가시킬 수 있다. 탄산염 기반 제품과 조개껍질 멀치를 사용하는 인위적 활동도 도시 토양에 탄산염을 공급할 수 있다(그림 14.1). 주로 탄산칼슘으로 구성된 조개껍질은 점차 분해되어 탄산염을 방출하며, 이는 토양의 pH, 비옥도, 양분 가용성 및 양이온교환용량 같은 토양의 화학성에 영향을 미친다.

실험실 실습

소요 시간: 20분

난이도: 쉬움

장소: 교실, 실험실, 실외

준비물

- 시계접시
- 4M HCl
- 토양 시료
- 저울

안전 주의사항: 염산은 부식성이 강하다. 진한 산을 사용할 때는 항상 보호 장갑과 보호안경을 착용해야 한다. 주의: 산을 희석할 때는 항상 진한 산을 물에 첨가해야 한다. 물을 진한 산에 추가하면 희석 열로 인해 혼합물이 끓고 튈 수 있다.

절차

1. 약 10 g의 풍건 토양을 갈아서 시계접시에 놓는다.
2. 4M HCl 몇 방울을 추가한다.
3. 발포의 강도와 지속 시간에 따라 $CaCO_3$ 함량을 추정한다(표 14.1; 그림 14.2).
4. 결과표를 작성한다.

표 14.1 발포 강도를 기반으로 한 탄산염 함량 추정

발포 강도	탄산염 함량(g/kg)	검사 시료량(g)
없거나 매우 적음	<20	약 10
짧은 시간 동안 약함	20~80	약 5
긴 시간 동안 강함	80~260	약 2.5
긴 시간 동안 매우 강함	>260	<1

그림 14.2 미국 애리조나주 투손 지역의 석회질 토양에서 나타나는 매우 강하고 지속적인 발포 반응

결과표

시료	추정된 탄산염 함량(g/kg)

해석

탄산염의 존재는 기포발생 어부로 확인할 수 있다. 탄산염은 1차 탄산염, 2차 탄산염 또는 두 가지 모두의 형태로 존재할 수 있으며, 모재로부터 유래될 수도 있다. 일반적으로 탄산염은 2 mm 미만 크기의 입자에서 발견되며, 토괴의 표면(peds의 면)과 같은 특정 부위에 국소적으로 분포할 수 있다. 정확성을 보장하기 위해 다양한 위치에서 채취한 여러 시료를 검사해야 한다.

탄산염에 묽은 염산을 가하면 발포한다: $CaCO_3 + 2HCl = H_2O + CO_2(g) + Ca^{2+} + 2Cl^-$. 발포의 정도와 속도는 탄산염의 양, 입자 크기 및 광물 조성, 토양 온도와 수분 함량, 시료에 가한 HCl 온도와 농도와 같은 여러 요인에 따라 달라진다. 발포는 탄산염의 함량을 정확히 나타내는 것은 아니지만, 토양 매질 내 탄산염의 존재를 상대적으로 나타내는 지표로 활용된다. 백운석은 HCl을 가했을 때 반응 속도가 느리므로 1~2분 정도의 짧은 시간만 주어질 경우 반응을 놓칠 수 있으므로 주의해야 한다.

도시 토양에서 탄산염의 존재는 pH, 양분 가용성, CEC, 수분 보유 능력, 토양 구조 및 탄소 격리와 같은 토양의 특성과 기능에 영향을 미칠 수 있다. 탄산염, 특히 탄산칼슘은 다음 식에 따라 OH^-을 방출함으로써 알칼리성을 띤다. 이들의 존재는 토양 pH를 증가시켜 토양을 더 알칼리성으로 만들 수 있다. 이는 양분 가용성, 미생물 활동 및 해당 지역에서 잘 자랄 수 있는 식물 종류에 영향을 미칠 수 있다.

$$CaCO_3 \rightleftharpoons Ca^{2+} + CO_3^{2-}$$

$$CO_3^{2-} + H_2O \rightleftharpoons HCO_3^- + OH^-$$

$$HCO_3^- + H_2O \rightleftharpoons H_2CO_3 + OH^-$$

탄산이온은 특히 칼슘, 마그네슘, 칼륨과 같은 양이온과 결합하여 불용성 화합물을 형성할 수 있다. 이는 이러한 필수 양분의 가용성을 감소시켜 식물 생장과 건강에 영향을 미칠 수 있다. 경우에 따라서 탄산염의 존재는 단단하거나 다져진 층의 형성에 이바지하여 물 침투를 감소시키고 유출을 증가시킬 수 있다. 이는 토양 배수가 좋지 않고 침식 가능성이 증가하는 결과를 초래할 수 있다. 탄산염은 토양 내 저장된 탄소의 한 형태를 나타낸다. 도시 지역에서 탄산염의 존재는 탄소를 격리함으로써 탄소 배출을 상쇄하고, 일정 부분 기후 변화 완화에 기여할 수 있다.

질문

1. 여러분 지역의 토양 중 탄산염의 잠재적 공급원이 무엇일지 생각해 보시오.

2. 탄산염이 토양의 질에 미치는 영향과 토양 내 과도한 탄산염이 식물 생장에 미치는 영향에 대해 설명하시오.

3. 도시 정원과 공원의 적절한 탄산염 함량을 유지함으로써 토양의 질을 개선하는 방법에 대해 설명하시오.

참고문헌

Assessing Carbonates in the Field with a Dilute Hydrochloric Acid (HCl) Solution. Soil Survey Technical Note No. 5 USDA NRCS https://directives.sc.egov.usda.gov/OpenNonWebContent.aspx?content=18593.wba#:~:text=A%20dilute%20HCl%20solution%20is,used%20in%20describing%20soil%20profiles Accessed on May 14, 2023

Doner HE, Lynn WC (1989) Carbonate, Halide, Sulfate, and Sulfide Minerals. Ch. 6, p. 331-378. In: J.B. Dixon and S.B. Weed (ed.), Minerals in Soil Environments, 2nd ed.

ISO 10693:1995. Soil quality. Determination of carbonate content - Volumetric method. https://www.iso.org/standard/18781.html Accessed on May 14, 2023

토양 오염 및 정화 15

개요

제15장은 도시 지역의 토양 오염 상태를 평가하고, 이러한 환경에서 정원 가꾸기, 농업 활동 및 작업 시 발생할 수 있는 잠재적 위험요소를 평가하는 데 중점을 둔다. 도시 토양은 산업 폐수, 납이 들어 있는 페인트 사용, 화석 연료 연소 등 다양한 출처로부터 유래한 오염 물질을 포함하는 경우가 많다. 토양에 중금속과 기타 화학물질이 존재하면 건강에 위험을 초래할 수 있으므로, 도시 정원에서 생산된 식품의 안전성을 보장하기 위해 토양 검사가 필수적이다. 휴대용 X선 형광분석기(PXRF)는 토양 시료 내 중금속을 신속하고 정확하게 분석할 수 있는 장비로 활용되고 있다. 이번 장은 두 가지 실습으로 구성된다. 하나는 간단한 토양 납(Pb) 검사 키트를 이용해 유해한 납의 수준을 평가하고, 다른 하나는 PXRF 분석기를 활용하여 토양 시료 내 금속 농도를 측정한다. 학습자는 측정 결과를 해석하고, 이를 주거 지역의 제한치와 비교하며, 적합한 식물 선택 및 잠재적인 오염원 탐색 방법을 학습한다. 또한 오염된 토양과 관련된 위험을 완화하기 위해 퇴비 시용과 상자형 텃밭(raised bed gardening) 조성과 같은 토양 오염 위험 완화 방안을 제시한다.

목표 토양 내 중금속 농도를 측정하여 오염도를 평가하고, 토양 오염 위험 완화 방법에 대해 알아본다.

이론적 배경

도시 토양은 오래전부터 납(Pb)이 함유된 페인트, 휘발유, 화석 연료 연소, 산업 폐수 등 다양한 오염원에 의해 영향을 받아 왔으며, 이러한 오염은 산업 혁명 이후와 플라스틱 사용 증가에 따라 더욱 심화되었다. 이러한 오염은 과거 산업지역이던 도시 지역에서 식품 생산에 적합한 장소를 선정하는 데 큰 도전 과제가 되고 있다. 토양 오염 물질은 인체 건강에 잠재적으로 위험을 줄 수 있는 수준으로 토양에 존재하는 원소나 화학물질을 의미한다. 따라서 도시 정원 가꾸기와 도시 농업에서 수확된 농산물의 안전성을 보장하기 위해 납(Pb), 비소(As), 아연(Zn), 구리(Cu), 니켈(Ni), 카드뮴(Cd), 크롬(Cr) 등의 중금속 수준과 다환 방향족 탄화수소(PAHs), 다이옥신, 퓨란, 농약 등 기타 화학물질을 평가하는 토양 검사가 필요하다.

또한 이전의 상업용 또는 산업용 대지 인근 지역은 추가적인 오염 물질이 존재할 수 있다. 일부 지역에서는 토양에 특정 원소의 농도가 자연적으로 높을 수 있지만, 도시 지역에서 오염 물질의 존재와 지속성은 종종 파악되지 않은 채로 남아 있으며, 이는 모든 주민에게 위험을 초래할 수 있다. 이러한 문제를 해결하기 위해 휴대용 X선 형광분석기(PXRF)가(**그림 15.1**) 토양에서 미량 금속 농도를 측정하는 데 사용된다. 이러한 분석 장비는 금속의 총 농도에 대한 신속하고 신뢰성 높은 평가를 가능하게 하며, 추가적인 조사 및 개입이 필요한 오염 집중 지역(hotspot)을 식별하는 데 활용된다.

그림 15.1 도시 텃밭에서 XRF를 활용한 토양 금속 농도 측정

실습 1

소요 시간: 30분에서 4시간

난이도: 쉬움

장소: 교실, 실험실, 가정

준비물

- 토양 납 검사 키트(온라인 구매 가능)
- 식초(필요 시)
- 토양 시료
- 숟가락
- 컵

절차

1. 제공된 지침에 따라 간단한 토양 납 검사 키트를 사용하여 토양 시료를 검사한다(그림 15.2).
2. 비디오 예시(YouTube: Home Soil Lead Test).
3. 색에 따라 토양의 해로운 납 존재 여부를 확인하고, 아래 표에 관찰 결과를 기록한다.

그림 15.2 토양 내 해로운 납(Pb)의 존재를 확인하기 위한 키트 검사 준비물

결과표

시료	검출	불검출

실습 2

소요 시간: 10분

난이도: 중간

장소: 교실, 실험실, 실외

준비물

- 휴대용 X선 형광분석기(PXRF)
- 토양 시료

절차

1. PXRF를 작동시킨다.
2. 지침에 따라 보정 작업을 수행한다.
3. 시료 봉투를 테이블 위에 놓고 PXRF 창을 시료 봉투에 밀착시킨다. 분석기를 시료 봉투 위에 고정한다(**그림 15.3**). 또는 **그림 15.1**에 나타난 대로 토양 표면에서 측정을 수행한다.
4. 최소 90초 동안 방아쇠를 당긴다. 이상적으로 더 정확한 결과를 얻기 위해서는 이를 3회 반복 수행한다. 주의: 검사 중 PXRF를 움직이거나 방아쇠를 놓치면 테스트가 중단되며 처음부터 다시 시작해야 한다.
5. PXRF 화면에 검사 진행 상태가 표시된다. 검사가 완료되면 "준비 완료(Ready)" 모드로 돌아간다.
6. PXRF를 거치대에 놓고, 실행 번호(run #)와 해당 금속 농도를 기록한다.

그림 15.3 실험실에서 PXRF로 토양 중 금속 농도 측정

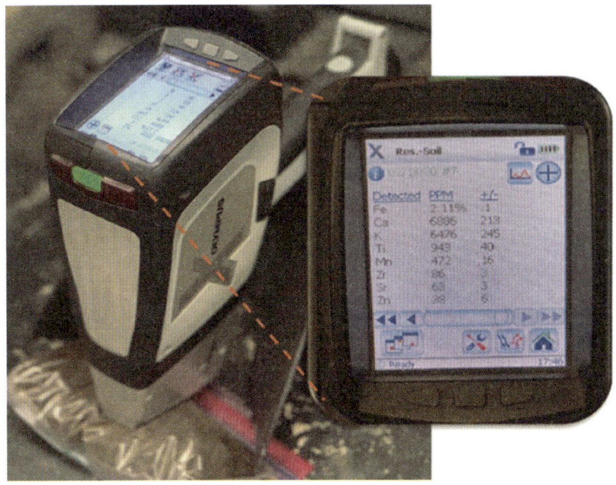

7. 중금속 분석 결과를 해당 주거 지역 농도 제한치와 비교한다. 결과표 안에 한 예로 뉴욕주의 주거 지역 농도 제한치와 우리나라 토양환경보전법 상 1지역 우려기준이 제시되어 있다(농도 단위: ppm or mg/kg).

결과표

시료	실행 번호	납 (Pb)	비소 (As)	카드뮴 (Cd)	크롬 (Cr)	니켈 (Ni)	아연 (Zn)	구리 (Cu)	기준치 초과 금속 목록
NYSDEC 제한치 SCO[a]		400	16	2.5	36	140	2200[b]	270[b]	
토양환경보전법 상 1지역 우려기준[c]		200	25	4	5 (6가크롬)	100	300	150	

[a]규정은 주(state)나 국가마다 다르기 때문에, 여기에서는 뉴욕주 환경보전청(NYSDEC)의 주거용 토지 이용 제한 기준값을 지침으로 제시한다. 이 값은 다가구 주택으로 지정된 부지에 적용되며, 자가 재배 농산물이나 자가 사육 동물 제품 섭취를 통한 노출을 고려하지 않는다. 이러한 활동은 이 부지에서 실행되어서는 안 된다. SCO(Site Cleanup Objectives) 규정은 행정구역에 따라 다르게 적용될 수 있으므로, 해당 주의 구체적인 지침을 확인해야 한다.

[b]해당 물질은 인간의 건강에 기반한 지침값 이하의 농도에서도 식물에 독성을 나타낼 수 있다.

[c]우려기준은 사람의 건강·재산이나 동물·식물의 생육에 지장을 줄 우려가 있는 토양오염의 기준을 말한다. 1지역은 전·답·과수원·목장용지·광천지·주거의 용도로 사용되는 부지 · 학교 용지 등에 해당한다.

질문

1. 검사 결과를 바탕으로, 정원 가꾸기 활동을 제한해야 하는지, 어린이들이 토양에서 놀때 주의해야 하는지, 그리고 농업 활동이 가능한지를 위 결과표에 제시된 토양환경보전법 상 1지역 우려기준에 근거하여 판별하시오.

2. 현재 토양 오염 수준에서 재배할 수 있는 식물의 종류를 제시하시오. 코넬대학교의 도시 정원 토양 중금속 안내서를 참조하시오(http://cwmi.css.cornell.edu/Metals_Urban_Garden_Soils.pdf).

3. 시료 채취 지역의 과거 및 현재 잠재적 오염원이 무엇일지 설명하시오. 미국의 경우, 다음에 제공된 지도를 통해 지역별 오염원 자료를 확인할 수 있다:
   - Sanborn 지도(화재 보험 지도)
   - EPA Cleanups in My Community Map(미국 환경보호청이 제공하는 지역별 정화 현황 지도(https://www.epa.gov/cleanups/cleanups-my-community#map)

해석

무기 및 유기 오염 물질은 인체 건강에 다양한 방식으로 해로운 영향을 미칠 수 있다. 각 오염 물질의 잠재적 독성은 노출 수준뿐만 아니라 노출의 빈도와 기간에 따라 달라진다. 각 오염 물질은 서로 다른 수준의 민감성을 나타낸다. 2015년 독성물질 및 질병 등록국(ATSDR)이 발표한 상위 10대 유해 물질 목록에는 비소, 납, 수은, 염화비닐, PCBs, 벤젠, 카드뮴, 벤조(a)피렌, PAHs, 그리고 벤조(b)플루오란텐이 포함된다(출처: ATSDR 웹사이트 http://www.atsdr.cdc.gov/SPL/index.html). 이들 대부분은 발암 물질로 알려져 있으며, 높은 수준의 납, 비소 또는 벤젠 섭취는 치명적일 수 있다.

- **납**은 도시 토양에서 흔히 발견되며, 과거에 사용했던 납이 포함된 페인트, 납 함유 휘발유, 산업 활동(금속 가공, 채광, 제련)으로부터 유래할 수 있다. 납은 신경 독성 물질로서 아동의 인지 발달을 저해할 수 있다. 납에 오염된 토양과 표면 먼지를 섭취하면 아동의 혈중 납 농도가 높아질 수 있다.
- **비소**는 발암 물질로, 방부 처리된 목재에서 침출되거나 과거에 비산납을 살충제로 사용한 결과 축적될 수 있다. 아연, 철, 황산알루미늄을 처리하면 비소와 결합함으로써 비소의 독성을 줄일 수 있다.
- **카드뮴**은 납땜, 전기 제품, 배터리, 핵분열 제어 장벽, 치과 아말감, 동물의 기생충 치료제 제조에 사용되며, 인간과 동물에게 독성을 가질 수 있다. 인간에게 카드뮴은 칼슘 및 인 대사를 방해하여 고통스러운 골 질환을 유발할 수 있다.
- **크롬**은 주로 철강, 합금, 페인트 색소에 사용되며, 고용량에서는 발암 물질이다. 크롬은 인간에게 필수 양분이지만 높은 농도에서는 인간의 신체에 돌연변이를 일으킬 수 있다.
- **니켈**은 스테인리스 스틸, 부식 방지 합금, 동전, 갑옷 판, 금고, 식물성 기름, 세라믹, 유리 생산에 사용된다. 100 ppm 이상의 니켈을 함유한 식물은 독성 증상을 나타낼 수 있으며, 인간에게 니켈 노출은 폐암을 유발할 수 있다.
- **구리**는 금속 합금, 전선, 수도관, 목재 방부제, 가죽이나 직물 처리, 농업용 살균제에 사용된다. 아연은 염료, 페인트, 고무, 목재 방부제, 연고 제조에 널리 사용된다. 구리와 아연은 식물에 필수적인 미량원소이지만, 과도한 수준은 식물에 독성을 초래할 수 있다. 또 구리와 아연은 중요한 사료 첨가제이나 이 원소들이 인간에게 직접적인 건강 위험을 초래할 가능성은 드물다.

정원 토양에 대한 복원 기술에 대한 정보가 필요하면 다음 논문 "*Legacy Lead in Urban Garden Soils: Communicating Risk and Limiting Exposure*"을 참고하면 된다(https://doi.org/10.3389/fevo.2022.873542). 퇴비 시용은 일반적인 복원 방법으로, 오염 물질을 희석할 뿐만 아니라 금속과 유기-무기 복합체를 형성하고, 토양 입단 형성을 촉진하며, 수분과 입자를 보유하고, 먼지를 줄여 궁극적으로 오염 물질의 인체 노출을 방지할 수 있다(**그림 15.4**). 가능하다면, 정원의 오염된 토양층을 조경용 부직포로 덮고, 그 위에 깨끗한 퇴적물과 퇴비로 채운 상자텃밭을 설치하여 작물을 재배하는 것은 토양이 오염된 정원에서 작물을 재배할 때 이상적인 전략이다.

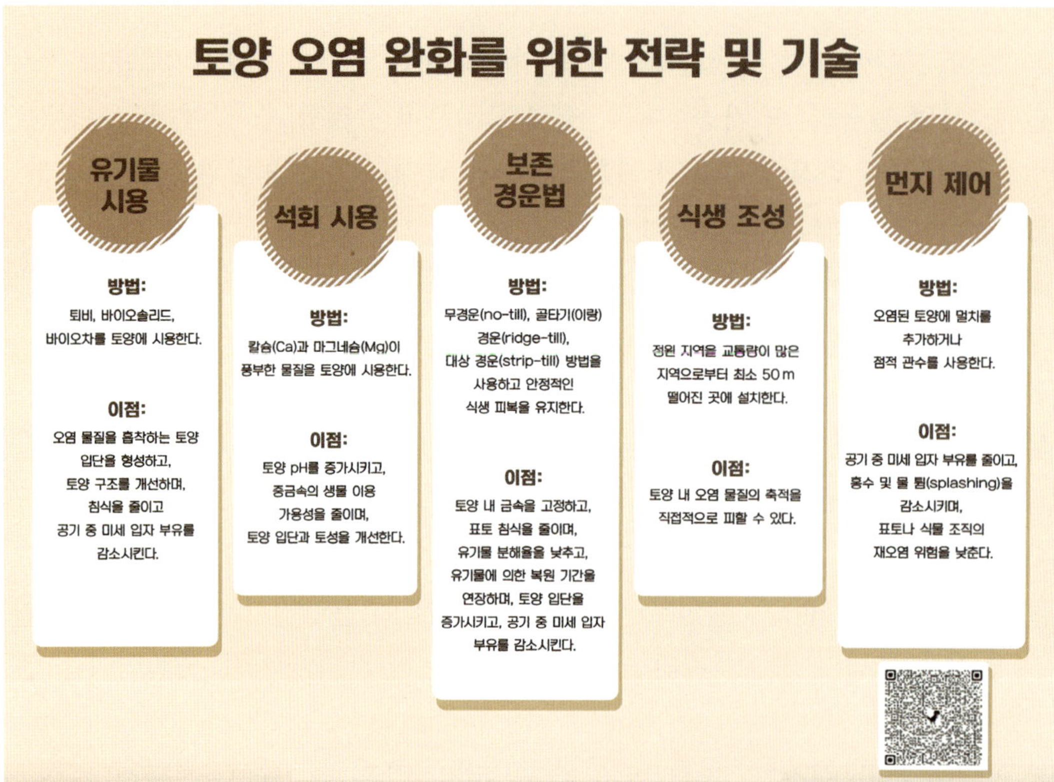

그림 15.4 Paltseva et al. (2022)의 연구에 기반한 토양 오염을 완화하기 위한 전략 및 기술

참고문헌

ATSDR's Substance Priority List https://www.atsdr.cdc.gov/SPL/index.html Accessed on May 15, 2023

Brady NC, Weil RR (2008) The nature and properties of soils. Upper Saddle River, N.J: Pearson Prentice Hall

Contaminated Site Cleanup Information (CLU-IN). Last updated on Wednesday, September 19, 2018 https://www.clu-in.org/ecotools/urbangardens.cfm Accessed on May 15, 2023

Paltseva AA, Cheng Z, McBride M, Deeb M, Egendorf SP, Groffman PM (2022) Legacy Lead in Urban Garden Soils: Communicating Risk and Limiting Exposure. Front. Ecol. Evol. 10:873542

양분 유효도 16

개요

제16장에서는 식물 양분 분석의 이론적 배경과 실질적 측면을 다룬다. 질소, 인, 칼륨(NPK)과 같은 필수 원소가 식물의 생장과 발달에 얼마나 중요한지 강조하고, 실습에서는 테스트 키트를 활용하여 토양 시료의 양분 수준을 측정한다. 실험 결과는 적절한 양분 유효도가 최적의 식물 생장과 작물 품질 향상에 중요한 역할을 한다는 것을 보여준다. 또한 특정 식물 요구 사항에 따라 적절한 비료를 선택하기 위해 비료 분석 결과(NPK 값)를 이해하는 것의 중요성도 논의한다.

목표 토양이 식물에 필수 양분을 제공하는 역할을 이해하고, 토양 내 다량원소 함량 수준을 측정한다.

이론적 배경

식물을 포함한 모든 생물체는 생존을 위해 물, 탄소, 그리고 에너지를 필요로 한다. 이러한 기본적인 요구 사항 외에도, 식물은 생장과 생존을 위해 특정한 필수 양분을 필요로 한다. 토양에는 92개의 모든 원소가 함유되어 있지만, 식물에서 확인된 원소는 약 40~50개에 불과하며, 이 중 탄소(C), 수소(H), 산소(O) 외 14개의 원소만이 필수 양분으로 간주되며, 토양에서 이온 형태로 흡수된다. 나머지 원소들은 식물 생장에 중요한 기능을 하지 않는다. 양분은 풍화 과정을 통해 광물에서 방출되거나, 무기화 과정을 통해 유기물질에서 방출될 수 있다. 식물 양분은 필요한 양에 따라 다량원소(*macronutrients*)와 미량원소(*micronutrients*)로 분류된다(**표 16.1**). 이들은 식물에 의

표 16.1 토양 양분 요약

원소	식물에서의 역할	흡수된 이온 형태	주요 공급원	일반적인 수준 범위	결핍 증상	과잉 증상	권장 비료
다량원소							
질소(N)	단백질 합성, 엽록소 형성	NO_3^-, NH_4^+	유기물질, 대기 N_2	0.03~0.3%	잎이 누렇게 변함	과도한 생장	질소가 풍부한 무기질, 유기질 비료
인(P)	에너지 전달, 뿌리 발달	$H_2PO_4^-$, HPO_4^{2-}, (PO_4^{3-})	인회석, 유기물질, Ca, Al, Fe 인산염	0.01~0.1%	잎끝이 보라색으로 변함	생장 감소	골분 또는 인광석
황(S)	아미노산 형성	SO_4^{2-}	Fe 황화물, 석고	0.01~0.1%	잎이 연한 녹색으로 변함	잎이 타버림	유황
칼륨(K)	삼투 조절, 효소 활성화	K^+	운모, 일라이트, K 장석	0.2~3%	잎 가장자리가 갈색으로 변함	염 축적	황산칼륨
칼슘(Ca)	세포벽 구조	Ca^{2+}	방해석, 석고, Ca 장석, 휘석, 각섬석	0.2~1.5% (석회질 유래 토양에 더 많음)	꽃 끝이 썩음	Mg 흡수 감소, 잎 황화, 잎 말림	석고 또는 석회
마그네슘(Mg)	엽록소 구조	Mg^{2+}	Mg 탄산염, 휘석, 각섬석, 흑운모, 감람석	0.1~1% (백운석 유래 토양에 더 많음)	잎 말림	염 축적	황산고토 ($MgSO_4$)
미량원소							
붕소(B)	세포 분열, 당 운반	$H_2BO_3^-$, HBO_3^{2-}, ($B(OH)_4^-$)	터말린, 규산염 및 염류 내 부성분 광물(accessory mineral)	5~100 ppm	뿌리 끝이 죽음	잎 마름	붕사
몰리브덴(Mo)	질소 고정	MoO_4^{2-}	규산염 및 Fe와 Al 산화물 및 수산화물 내 부성분 광물	0.5~5 ppm	잎 말림	잎 변색	몰리브덴 나트륨
염소(Cl)	삼투 조절	Cl^-	다양한 염화물	50~1000 ppm 이상	시듦	잎 타버림	염화가리 (염화칼륨)
철(Fe)	효소 보조 인자(enzyme cofactor)	Fe^{2+}, (Fe^{3+})	휘석, 각섬석, 흑운모, 감람석, Fe 산화물, Fe 수산화물	0.5~4% (철이 풍부한 지층에서 더 많음)	황화	잎 타버림, 뿌리 손상	킬레이트화된 철

원소	식물에서의 역할	흡수된 이온 형태	주요 공급원	일반적인 수준 범위	결핍 증상	과잉 증상	권장 비료
망간 (Mn)	광합성, 호흡	Mn^{2+}, (Mn^{3+})	아망간산염, 연망간광(pyrolusite), 규산염 내 부성분 광물	200~4000 ppm	엽맥 간 황화	잎 괴사, 뿌리 손상	황산망간
아연 (Zn)	효소 활성화	Zn^{2+}	Zn 인산염, Zn 탄산염, Zn 수산화물, 규산염 내 부성분 광물	10~300 ppm	성숙한 잎에 작은 노란색 반점 생성	Fe 흡수 방해, 황화	황산아연
구리 (Cu)	효소 보조 인자, 리그닌 합성	Cu^{2+}, (Cu^{+})	Cu 황화물, Cu 황산염, Cu 탄산염, 규산염 내 부차적 광물	3~100 ppm	생장 억제	잎 변색, 뿌리 손상	황산구리
니켈 (Ni)	질소 대사 작용, 종자 발아	Ni^{2+}	토양 유기물, 초염기성암(ultramafic rock)의 풍화	0.1~2 ppm	발아 불량, 잎 끝 괴사	잎 변색, 생장 저하	황산니켈
유익한 원소							
코발트 (Co)	콩과식물에서 질소 고정	Co^{2+}	토양 유기물, 풍화된 암석	0.1~0.5 ppm	질소 고정 부진	잎 황변	황산코발트
셀레늄 (Se)	질병 저항성, 스트레스 내성	SeO_4^{2-}, SeO_3^{2-}	셀레늄이 풍부한 토양, 화산 토양	0.01~2 ppm	거의 관찰되지 않음	높은 수준에서 독성	셀레늄 강화 비료
알루미늄 (Al)	산성 토양을 좋아하는 식물에서 푸른색을 강화함	Al^{3+}	산성 토양, 풍화된 암석	다양함	거의 관찰되지 않음	뿌리 생장 억제	황산알루미늄(특정 식물에만 필요함)
염소 (Cl)	삼투압, 이온 균형, 광합성	Cl^{-}	바닷물 스프레이, 관개수	5~100 ppm	시듦	잎이 타버림	염화가리(염화칼륨)
규소 (Si)	세포벽 강화, 질병 저항성 증가	H_4SiO_4	규산염 광물의 풍화	1~45%	질병에 대한 내성 감소	일반적으로 무독성	규산칼륨, 규산칼슘
나트륨 (Na)	칼륨 대체, 염생식물에 필수적	Na^{+}	바닷물 스프레이, 자연 풍화, 관개수	다양함	드물게 결핍	염 스트레스, 시듦	드물게 시비, 염생식물에 한함

출처: Blum et al. (2018)에서 수정됨.

해 음이온[예: 인산이온(PO_4^{3-}), 황산이온(SO_4^{2-}), 붕산이온(BO_3^{3-}), 몰리브덴산이온(MoO_4^{2-}), 염소이온(Cl^-)] 또는 양이온[예: 칼륨(K^+); 칼슘(Ca^{2+}); 마그네슘(Mg^{2+}); 철: Fe^{2+}(2가 철이온) 및 Fe^{3+}(3가 철이온); 망간(Mn^{2+}); 아연(Zn^{2+}); 구리(Cu^{2+})] 형태로 흡수된다. 질소는 음이온(NO_3^-)과 양이온(NH_4^+) 형태 모두로 식물에 흡수될 수 있다는 점에서 독특하다.

이번 실습에서는 질소(N), 인(P), 칼륨(K) 등과 같은 다량원소의 함량을 분석한다. 이 필수 원소들은 주로 뿌리를 통해 이온 형태로 토양에서 흡수되며, 일반적으로 양분으로 불린다. 질소는 잎 발달과 전반적인 식물 생장에 중요한 역할을 한다. 인은 주로 뿌리 생장과 꽃 및 과일 발달을 지원한다. 칼륨은 식물의 전반적인 기능을 올바르게 수행하는 데 도움을 준다.

도시 지역에서는 다양한 경로를 통해 양분이 유입되어 토양 내 양분 수준이 증가할 수 있다. 정원, 공원, 도시 농업에서 사용하는 비료(그림 16.1)뿐만 아니라 퇴비와 거름 같은 유기 토양개량제는 양분 함량을 높이고 토양 비옥도를 개선할 수 있다. 그러나 도시화는 토양에서 양분 손실의 위험도 수반한다. 건설 활동, 토지 개발 및 식생 제거는 토양 침식을 유발하여, 양분이 풍부한 표토의 손실을 초래할 수 있다. 또한 불투수성 표면에서의 빗물 유거수는 질소와 인 같은 양분을 수계로 운반하여 영양소 오염을 유발하고 도시 토양의 양분을 고갈시킬 수 있다. 이러한 요인들은 부영양화와 같은 환경 문제를 초래한다.

그림 16.1 비료가 시용된 미국 뉴욕시 브루클린의 커뮤니티 정원

실험실 실습

소요 시간: 45분

난이도: 쉬움

장소: 실외, 교실, 가정, 실험실

준비물

- 테스트 키트(온라인 또는 정원용품점에서 구매 가능)
- 숟가락
- 증류수
- 토양 시료

절차

1. 키트와 함께 제공된 지침을 따라 추출물을 만든다. YouTube에서 다음 비디오(가정 정원사를 위한 토양 테스트 분석: NPK 양분 검사의 기본 원리, https://youtu.be/h66kHhCCd- k?list=PLvza7PL7ood-6S2Wjw_D4zRORwIZZRVIV를 시청하시오.)
2. 제공된 지침에 따라 양분 함량을 평가한다(그림 16.2 참조).
3. 아래의 결과표에 결과를 적는다.

그림 16.2 토양 추출물 내 질소, 인, 칼륨 함량 수준 평가

결과표

시료	질소(N)	인(P)	칼륨(K)

해석

새로 조성된 도시 토양에는 질소(N), 인(P), 황(S)의 총량 수준이 상당히 낮지만, 동물의 뼈나 쓰레기 같은 물질의 존재로 인해 국지적으로 인(P)이 높을 수 있다. 식물은 적절한 시기에 적절한 양의 양분을 균형 있게 공급받지 못하면 잘 자라지 않는다. 작물이 제대로 자라지 않으면 병해충에 취약해지고, 수확량이 감소하며, 작물의 품질이 저하될 수 있다. 토양 내 양분이 과도할 경우, 식물의 생육이 저해될 수 있으며, 지표수 및 지하수 오염, 온실가스 배출 등을 유발하여 환경 악화로 이어질 수 있다 .

양분 유효도(가용성)를 높이기 위해서는 토양 pH를 적정 수준으로 조절하는 것이 중요하며, 이를 위해 석회나 나무 재를 시용할 수 있다. 반면, 알루미늄 및 중금속의 용해도를 낮추고 부동화시키기 위해서는 유기물 시용이 효과적인 관리 방법으로 활용된다. 피복 작물(예: 메밀, 콩과식물)은 토양 내 이용 불가능한 인(P)을 흡수 · 전환하여 다른 작물이 활용할 수 있도록 돕는다. 균근균과의 공생은 인뿐만 아니라 다양한 양분과 수분의 흡수 효율을 향상시키며, 질소 고정 박테리아와의 공생을 통해 생물학적 질소 공급이 가능한 콩과식물의 재배는 토양 비옥도 개선에 효과적이다.

또한 각 필수 식물 양분은 시판되는 비료를 통해 토양에 공급할 수 있다. 비료의 NPK 값을 아는 것은 재배하는 식물의 유형에 적합한 비료를 선택하는 데 도움이 된다(**그림 16.3**). 제품에 표시된 세 자리 숫자 조합(비료 등급 또는 분석)은 각각 질소(N), 인산(P_2O_5), 칼리(K_2O)의 비율을 나타낸다(**그림 16.4**). 예를 들어, 18-24-6 비료는 질소 18%, 인산 24%, 칼리 6%를 포함한다. 잎이 많은 채소를 재배할 때는, 잎 생장을 촉진하

그림 16.3 무기 및 유기 비료의 예 (출처: Thomas Wang, missionazul.com)

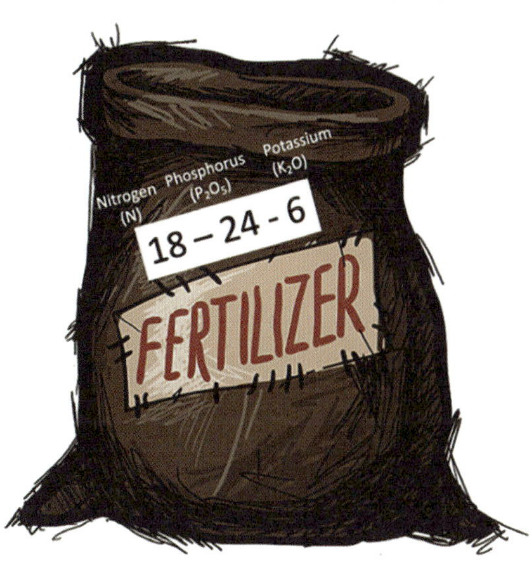

그림 16.4 질소, 인산, 칼리 비율이 표시된 비료 포대의 예

기 위해 질소 수치가 높은 비료를 사용할 수 있다. 꽃을 재배할 때는, 더 많은 꽃이 피도록 인산 수치가 높은 비료를 사용할 수 있다.

질문

1. 토양 시료에 양분이 결핍되었다면 양분 수준을 높이기 위해 무엇을 사용해야 하는지 설명하시오(키트와 함께 제공된 도표를 참조하시오).

2. 토양에서 양분 함량이 과도할 경우 발생할 수 있는 부정적인 영향에 대해 설명하시오.

참고문헌

Blum WE, Schad P, Nortcliff S (2018) Essentials of Soil Science: Soil formation, functions, use and classification (World Reference Base, WRB). Borntraeger Science Publishers

Howard J (2017) Anthropogenic Soils, Progress in Soil Science, Springer International Publishing AG

Moebius-Clune BN, Moebius-Clune DJ, Gugino BK, Idowu OJ, Schindelbeck RR, Ristow AJ, van Es HM, Thies JE, Shayler HA, McBride MB, Wolfe DW, Abawi GS (2016) Comprehensive Assessment of Soil Health - The Cornell Framework Manual, Edition 3.1, Cornell University, Geneva, NY

Part Ⅲ
생물학적 특성

토양 유기물 17

개요

토양 유기물은 식물에 필요한 영양분을 유지하고 기후 변화를 완화하는 데 중요한 역할을 한다. 도시 환경에서는 유기물의 분포가 불규칙하며, 미생물 활동이 낮고 양분 순환이 제한적이다. 제17장에서는 시료의 무게를 측정 후 태워서 유기물 함량을 계산하는 작열감량법(灼熱減量法, loss-on-ignition method)을 이용하여 토양 유기물 함량을 측정하는 것을 목표로 한다. 또한 유기물 함량은 현장 관찰을 통하여 토색을 기반으로 추정할 수 있다. 유기물 함량의 증가는 토양 구조 개선과 비옥도 향상에 중요한 역할을 한다.

목표 토양 유기물의 중요성을 이해하고, 작열감량법을 이용하여 유기물 함량을 측정한다.

이론적 배경

토양 유기물(*soil organic matter*)은 다양한 분해 단계에 있는 식물성 또는 동물성 물질로 구성된 토양의 일부를 의미한다(**그림 17.1**). 유기물은 점토와 마찬가지로 토양이 양분 이온을 보유하는 능력에 중요한 역할을 하며, 토양 생물에 의해 분해되면 식물이 이용할 수 있는 형태의 양분을 제공한다. 잘 분해된 유기물은 매우 작은 입자 형태로 미세한 토양 무기 입자와 결합하여 안정적인 토양 입단을 형성하여 토양 구조 유지에 이바지한다. 탄소 격리(carbon sequestration)라고 알려진 이 과정은 기후 변화 완화에 있어 매우 중요한 역할을 한다.

그림 17.1 식물 뿌리와 잔류물 형태의 토양 유기물(왼쪽)과 분해 중인 식물 잔해(오른쪽)

도시 환경에서는 굴착 및 성토 작업으로 인해 유기물과 부식의 분포가 불규칙하게 나타나며, 이에 따라 수직적 및 수평적 유기 탄소(C) 함량에 큰 변동이 발생한다. 변화된 토양 온도와 습도 조건은 유기물의 분해를 더욱 가속시킨다. 도시 토양은 일반적으로 미생물의 생체량을 구성하는 탄소와 호흡률이 낮아 탄소(C), 질소(N), 인(P)의 순환이 제한적이다.

총 유기 탄소(TOC)는 토양 유기물과 부식에 포함된 탄소의 총량을 의미하며, 이는 토양 100 g 기준으로 탄소(C)의 백분율로 나타낸다. 유기 탄소 화합물, 특히 부식은 식물과 동물의 잔사, 뿌리 분비물, 살아 있거나 및 죽은 미생물, 토양 생물의 분해를 통해 토양에 유입된다. 토양 유기물은 토양 중 존재하는 유기물이나 토양 표면에 흡착된 유기물을 포함하며, 일반적으로 약 50~60%의 탄소를 함유하고 있다. 많은 토양학자는 유기물의 약 58%가 탄소로 구성되어 있다고 본다.

실습 1: 실험실 실습

소요 시간: 4~6시간

난이도: 중간

장소: 실험실

준비물

- 전기로와 도가니
- 분석 저울
- 105℃ 오븐에서 건조한 토양 시료

절차

1. 분석 저울을 사용하여 [105℃ 오븐에서 건조한 시료(약 1~2 g) + 도가니]의 무게를 측정한다.
2. 도가니(시료 포함)를 전기로에 넣고, 온도를 550℃로 설정한다. 전기로 온도가 550℃에 도달한 후 2~4시간(유기물 함량에 따라 다름) 동안 유지한다(**그림 17.2**).

그림 17.2 전기로 속 토양 시료가 담긴 도가니

3. 가열을 멈춘 후 전기로 온도가 200℃ 미만이 되었을 때, 도가니를 조심스럽게 전기로에서 꺼내어 안전한 곳에 놓고, 20분 이상 식힌 후 [건조된 시료 + 도가니]의 무게를 다시 측정한다.
4. 무게 손실이 유기 탄소 질량이다. 백분율은 다음과 같이 계산할 수 있다:

$$\frac{\{\text{도가니 + 토양 무게(g)}\} - \{\text{550℃로 태운 후 (도가니 + 토양)무게(g)}\}}{[\{(\text{도가니 + 토양 무게(g)}\} - \text{도가니 무게(g)}]} \times 100 = \text{유기물 함량(\%)}$$

결과표

시료	도가니 번호	도가니 무게(g)	(도가니 + 토양) 무게(g)	550℃로 태운 후 (도가니 + 토양) 무게(g)	유기물 함량 (%)

실습 2: 현장 관찰

소요 시간: 15분

난이도: 쉬움

장소: 실외

준비물

- 삽 또는 모종삽

절차

1. 삽 또는 모종삽을 사용하여 토양을 15~20 cm 깊이로 파낸다.
2. 적절한 토양 수분 상태에서 표토와 심토의 색을 관찰한 후 **표 17.1**에 따라 유기물과 부식 함량을 추정한다.
3. 관찰 결과를 기록한다.

표 17.1 유기물 및 부식 함량 평가표

유기물 상태	표토 관찰	심토 관찰	토양 유기물 함량 추정치(%)
퇴화함	표토와 심토의 색이 같음	토양 단면이 혼합됨	<3
평균	표면에 유기물이 거의 보이지 않음	색의 변화가 있지만 깊고 풍부한 색은 아님	3~4
건강함	표토가 더 어두운 층으로 명확히 구분됨	심토와 혼합되지 않음. 유기물층이 15 cm 이상 존재함	토심 5 cm 내에 >4

관찰 기록

위치	토양층	토색	유기물 및 부식질 함량 추정

해석

토양 중 유기물과 부식은 토양의 구조, 양분 보유력(보비력), 수분 보유력(보수력) 및 침투성을 향상시킨다. 유기물 함량은 도시 내에서 다양하지만, 성공적인 도시 농업을 위해 최소 5%의 유기물 함량이 권장된다. 도시 건설은 오염, 다짐, 녹지 감소, 콘크리트 포장으로 인해 토양 유기 탄소 함량을 감소시킨다. 그러나 녹지가 조성된 지역과 바이오솔리드, 유기 멀치, 퇴비를 추가한 지역에서는 유기물 함량이 증가할 수 있다.

최근에 조성된 서늘한 고지대의 도시 주거 지역은 표토에 더 많은 유기 탄소를 포함하는 경향이 있는 반면, 오래전에 조성된 따뜻한 저지대의 도시 토양은 유기 탄소 함량이 낮은 경우가 많다. 많은 도시 토양에는 유기 탄소 함량이 높은 매몰된 A층이 존재한다. 미국 서부 도시의 토양에는 탄산칼슘과 같은 무기 탄소가 상당량 포함되어 있다. 가축 분뇨, 퇴비, 녹비로 조성한 피복 작물과 같은 비옥도 개량제는 유기물 함량을 증가시키는 데 도움이 된다(**그림 17.3** 및 **17.4**).

그림 17.3 피복식물이 식물 양분 유효도에 미치는 영향(출처: Thomas Wang, missionazul.com)

그림 17.4 퇴비가 식물 양분 유효도와 생물 군집에 미치는 영향(출처: Thomas Wang, missionazul.com)

그림 17.4 (계속)

질문

1. 도시 정원에 있는 유기물의 출처에 대해 설명하시오.

2. 토양 중 유기물과 부식의 역할에 대해 설명하시오.

3. 토양 시료의 유기물 함량을 구하고, 그것이 농업 활동에 적절한 수준인지 평가하시오.

4. 토양 중 유기물 및 부식 함량을 증가시키기 위한 방법을 제시하시오.

참고문헌

Howard J (2017) Anthropogenic Soils, Progress in Soil Science, Springer International Publishing AG

Lehmann A, Stahr K (2007) Nature and Significance of Anthropogenic Urban Soils. Journal of Soils and Sediments 7 (4) 247-260

Moebius-Clune BN, Moebius-Clune DJ, Gugino BK, Idowu OJ, Schindelbeck RR, Ristow AJ, van Es HM, Thies JE, Shayler HA, McBride MB, Wolfe DW, Abawi GS (2016) Comprehensive Assessment of Soil Health - The Cornell Framework Manual, Edition 3.1, Cornell University, Geneva, NY

Vauramo S, Setala H (2011) Decomposition of labile and recalcitrant litter types under different plant communities in urban soils. Urban Ecosyst 14:59-70

Vodyanitskii YN (2015) Eurasian Soil Science 48:802

토양 생물

18

개요

제18장에서는 Berlese-Tullgren 장치를 사용하여 토양 시료에서 생물체를 추출하고, 시료 간 생물 다양성의 차이를 비교·분석하는 것을 목표로 한다. 이번 실습을 통해 무척추동물, 박테리아, 곰팡이, 지렁이 등 다양한 토양 생물들과 이들 생물이 양분 순환과 토양 비옥도에 기여하는 중요한 역할에 대해 학습한다. 실습을 위해 간단한 재료로 Berlese 장치를 만들고, 이를 이용하여 토양 절지동물을 추출한다. 채취한 토양 시료로부터 며칠 동안 포집된 생물들을 관찰하고, 현미경을 이용해 정밀하게 조사한다. 현장 실습에서는 지렁이의 풍부함과 기타 토양 생물의 존재 여부를 중심으로, 토양의 생물 다양성을 평가한다. 또한 작물 생산에 있어 토양 생물의 중요성을 강조하고, 경작 방식, 토양 다짐, 농약 사용 등 토양 생물을 효과적으로 관리하기 위한 고려 사항에 대해서도 논의한다. 이러한 실습을 통해 토양 생물 다양성을 탐구하고, 건강한 생태계를 유지하는 데 있어 토양 생물의 생태적 역할에 대한 통찰력을 얻을 수 있는 기회를 제공한다.

목표 Berlese-Tullgren 장치를 이용하여 토양 시료에서 생물을 추출하고, 다양한 토양 시료 간의 생물 다양성을 비교한다.

이론적 배경

비옥한 정원 흙 한 삽에는 아마존 열대우림 전체 지상에서 발견되는 것보다 더 많은 종의 생물들이 존재한다. 일반적으로 토양의 상층부에 존재하는 유기물층은 다양한 형태의 동물이 서식하는 생태계를 이룬다. 여기에는 특히 무척추동물이 풍부하게 서식하고 있으며, 그 중 많은 수가 절지동물이다. 절지동물은 척추가 없지만 단단한 외피, 관절이 있는 다리, 그리고 분절된 몸체를 가지고 있다. 토양에는 박테리아, 곰팡이, 진드기, 개미, 노래기, 딱정벌레, 지렁이, 민달팽이, 달팽이 등 다른 생물들도 서식한다. 지렁이는 생태계의 기술자로서 토양 구조 개선에 중요한 역할을 한다. 이들은 유기물을 분쇄하고, 그것을 무기물과 혼합하며, 유기 잔류물을 토양에 묻고, 수분 침투성과 입단화를 촉진한다. 또한 지렁이는 더 큰 유기 잔류물의 분해를 촉진하여 다른 토양 생물들에게 유익한 환경을 제공한다.

토양 생물은 식물과 동물의 유기물을 분해하여 에너지와 영양소를 얻으며, 이 과정에서 식물 생장에 도움이 되는 무기양분을 방출한다(**그림 18.1**). 토양 생물이 죽으면 분해되어 추가적인 양분을 방출하여 토양 비옥도를 높인다(**그림 18.2**). 또한 이들은 터널을 만들거나 구멍을 형성함으로써 미세 입자를 입단 또는 집합 구조로 전환시켜 토양의 물리적 구조 개선에도 기여한다. 토양 생물이 생존하는 데는 충분한 유기물, 적절한 온도(극심한 열 제외), 수분, 산소, 그리고 중성에 가까운 토양 pH가 필요하다.

토양 절지동물을 그들의 서식지로부터 효과적으로 추출하는 방법 중 하나는 Berlese 깔때기를 사용하는 것이다(**그림 18.3**). 이 장치는 전구나 창문과 같은 열원을 사용하여 토양 시료를 건조한다. 벌레는 열을 피하다가 철망(screen)을 통해 아래로 떨어져서, 보존액(에탄올)이 담긴 병에 채집된다.

그림 18.1 균근균의 균사가 형성된 멀치(mulch)

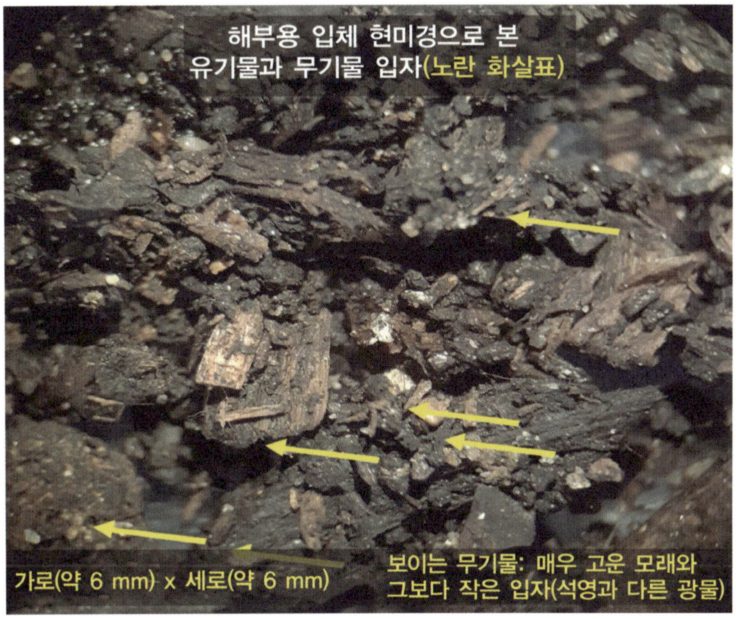

그림 18.2 현미경으로 본 유기물과 무기물 입자의 모습(제공: George Lozefski)

그림 18.3 토양 생물 추출 준비가 된 Berlese-Tullgren 장치

실습 1: Berlese-Tullgren 장치

소요 시간: 45분(2일간)

난이도: 중간

장소: 교실, 실험실, 가정

준비물

- 빈 플라스틱 우유 통(2.3 L) 또는 큰 깔때기
- 빈 병 또는 비커
- 약 25 cm 길이의 막대
- 깔때기 바닥을 덮을 수 있는 금속 철망 또는 방충망
- 가위
- 소독용 알코올(에탄올) – 약국에서 구매 가능
- 램프 또는 창문
- 현미경과 페트리 접시

절차

1. 우유 통의 바닥을 잘라내고 뒤집어 병 위에 놓아 깔때기를 만든다. 또는 깔때기를 사용한다.
2. 금속 철망을 깔때기의 넓은 끝에 꼭 맞도록 놓는다. 방충망을 사용하는 경우, 더 큰 동물이 통과할 수 있도록 여러 개의 틈을 만들어 둔다.
3. 부식이나 낙엽을 여러 줌 모아 금속 철망이나 방충망 위에 놓는다.
4. 병이나 비커에 알코올을 1~2 cm 깊이로 붓는다.
5. 깔때기를 병/비커 위에 조심스럽게 올려놓는다
6. 깔때기를 며칠 동안 따뜻하고 햇볕이 잘 드는 곳에 놓아두거나(**그림 18.3**), 빠른 건조를 위해 램프를 깔때기 위에 설치한다. 램프 전구는 깔때기에서 최소 10 cm 이상 떨어져 있어야 한다.
7. 비교를 위해 다른 두세 개의 시료에 대해 동일한 절차를 반복한다.
8. 며칠 후(창문 옆에 둘 경우) 또는 몇 시간 후(램프 아래에 둘 경우), 알코올 용액을 페트리 접시에 옮기고 현미경으로 미생물을 관찰한다. 일부 더 큰 생물은 시료가 있는 방충망의 아래쪽 끝에 채집되어 있을 수 있다.
9. 부록 3과 인터넷 검색을 활용하여 결과표를 작성한다.

결과표

생물 이름 또는 유형	스케치 또는 설명	발견된 개체 수

실습 2: 현장 관찰

소요 시간: 40분

난이도: 쉬움

장소: 야외

준비물

- 삽 또는 모종삽
- 지렁이 채집 용기

절차

1. 가로(30 cm) × 세로(30 cm) 크기의 구역을 삽으로 30 cm 깊이까지 파낸다. 지렁이에 대한 손상을 최소화하기 위해 삽질 횟수를 줄이도록 유의한다. 구덩이를 먼저 파고, 그다음에 지렁이를 분리하여 수집한다.

2. 지렁이의 수를 세고, 지렁이를 수집 용기에 넣는다.
3. 경작기간 동안 토양 내 유기 잔류물의 상태와 다른 토양 생물의 풍부도를 관찰한다. **표 18.1**를 사용하여 정원의 토양 생물 다양성을 평가한다.

표 18.1 토양 생물 다양성 평가 및 부식 함량 평가표

토양 생물 다양성 상태	지렁이 수	다른 생물	유기 잔류물	거름 덩어리 분해
퇴화함	없음	없음	잘게 조각난 흔적 없음	6~12개월 후
평균	<3마리/ (30 cm×30 cm×30 cm)	몇몇 존재	잘게 조각난 흔적 일부 존재	1~5개월 후
건강함	>10마리/ (30 cm×30 cm×30 cm)	풍부함	지렁이 분변토와 구멍; "거미줄" 같은 곰팡이 균사가 표면에 존재	1개월 이내

해석

토양 생물은 도시 토양과 도시 개발에 있어 매우 중요한 존재이다. 이들은 양분 순환, 토양 비옥도 및 토양 구조 개선에 이바지한다. 토양 생물은 도시의 회복력을 향상시키고, 다양한 생태계 서비스를 제공하며, 생물 다양성 보전을 지원함으로써 지속 가능한 도시 개발에 중요한 역할을 한다.

토양 생물은 토양의 건조 물질 중 3%를 차지할 수 있다. 도시 토양에서 지렁이 개체 수가 적다는 것은 토양 내 신선한 유기물의 부족과 더불어, 고온과 낮은 수분 함유량이 지렁이와 작물 생육에 스트레스를 주고 있음을 나타낼 수 있다. 지렁이가 없으면 양분 순환과 식물의 양분 흡수가 감소되며, 토양의 배수성과 입단 안정성이 저하된다.

프랑스의 파리, 마르세유, 낭트의 도시 정원에는 4.5~9.5종의 지렁이가 m^2당 100~700마리 존재한다. 도시 숲과 공원에는 2~6종의 지렁이가 각각 m^2당 100~550마리, 100~450마리 살고 있다. 도로 가장자리에 있는 잔디밭과 주거 지역은 지렁이 번식에 가장 불리한 환경으로, 1~3종의 지렁이가 m^2당 26마리 수준의 낮은 밀도로 존재한다. 뉴욕, 볼티모어와 같은 미국 도시와 러시아 모스크바의 지렁이 밀도는 m^2당 25~204마리로 다양하다.

토양 생물 관리에 대하여 고려해야 할 사항은 다음과 같다:

- **경운**: 깊은 경운과 잦은 경작은 모든 토양 생물에 부정적인 영향을 미친다. 무경운, 골 타기 경운(ridge tillage) 및 대상 경운(strip tillage)은 토양 생물의 서식지와 생물학적 다양성을 유지하는 데 가장 적합한 경운 방식이다.
- **다짐**: 토양 다짐은 대공극과 뿌리와 토양 생물의 이동 통로를 줄이고, 토양 내 혐기성 상태를 초래한다.
- **살충제**: 살충제는 해충을 죽일 뿐만 아니라 그 해충이 운반하는 생물도 죽인다. 살균제와 훈증제는 살충제보다 토양 생물에 더 큰 영향을 미친다.
- **비옥도와 양분 균형**: 토양 내 비옥도와 양분 균형은 생물 다양성을 촉진한다. 예를 들어, 식물 잔사, 퇴비 및 거름은 탄소를 제공한다. 퇴비는 다양한 생물들을 함께 제공하므로, 작물 재배 방식에 맞는 퇴비를 사용하는 것이 중요하다.
- **작물의 종류**: 작물의 종류는 토양 내 생물의 구성을 변화시켜 병해충을 억제하거나, 반대로 해충의 수를 증가시키는 숙주 역할을 할 수 있다. 작물의 종이나 품종에 따라 해충에 미치는 영향도 달라질 수 있다.

질문

1. 토양 시료로부터 추출된 생물개체 수와 이중 가장 많이 발견된 생물의 유형이 무엇인지 기술하시오.

2. 토양 시료에서 발견된 생물들의 농경지 토양에서의 역할에 대해 기술하시오.

3. 조사 대상지역의 토양에서 발견된 지렁이 수와 생물 다양성에 대해 평가하시오.

4. 영양 단계에 기반하여 토양 내 먹이망(food web) 구조를 그리시오.

그림 그리기

참고문헌

Finn Scientific. The discover life in the soil lab activity. https://www.flinnsci.com/discover-life-in-the-soil%2D%2D-student-laboratory-kit/fb1991/. Accessed June 16, 2023

Guilland C, Maron PA, Damas O, Ranjard L (2018) Biodiversity of urban soils for sustainable cities. Environmental chemistry letters, 16,1267-1282

Soil Quality Test Kit Guide (2001) USDA NRCS Soil Quality Institute

Soil Science Society. K-12 activity. The Berlese funnel www.soils4teachers.org/files/s4t/lessons/berlese-funnel.pdf Accessed June 16, 2023

USDA New York Soil health evaluation card (2014). Soil Health Committee. https://www.nrcs.usda.gov/conservation-basics/natural-resource-concerns/soils/soil-health/soil-health-assessment. Accessed June 16

Part Ⅳ
종합 실험실

토양환경정보시스템 '흙토람' 19

개요

제19장에서는 우리나라 토양환경정보시스템, '흙토람'을 활용하여 토양 환경 정보를 탐색하는 것에 중점을 둔다. 실습의 목적은 전국의 토양정보를 한곳에 모아 농업환경의 보전, 농산물 안전 생산의 전국적 기반을 구축하는 토양환경정보시스템인 흙토람을 이해하고, 토지 이용 계획 및 작물 생산 전략에서의 실질적인 적용 가능성을 높이는 것이다. 참가자들은 컴퓨터나 스마트폰을 이용하여 흙토람에 접속하고, 단계별 절차를 따르면서 다양한 토양정보를 조사하게 된다. 이러한 정보에는 작물별 토양 적성도, 농경지 화학성, 토양 특성, 비료 사용 처방, 토양검정정보, 작물 영양진단 등이 포함된다. 이 실습은 이론적 개념과 실제 토양 적용 사이의 격차를 줄일 흥미로운 기회를 제공하며, 토양 특성에 대한 추가 탐색을 위한 자료도 제공한다.

목표 흙토람의 온라인 자원을 활용하여 다양한 지리적 위치의 토양을 연구하여 여러 응용 분야에 활용한다.

이론적 배경

토양 분류 체계는 고대 이집트인들까지 거슬러 올라가는 오랜 역사를 가지고 있으며, 그들은 농작물 수확량을 극대화하기 위한 토양 관리 전략을 개발하였다. 이러한 전략은 그 유효성이 입증되어 현대 농업에서도 여전히 적용되고 있다. 우리나라 농촌진흥청 국립농업과학원에서는 농민, 조경업자, 건축가, 토목 기술자, 토양학자 등 다양한 수요자들에게 우리나라 토양에 관한 다양하며 심도 있는 귀중한 정보를 제공하고 있다. 작물별 토양 적성도와 토양 특성, 토양검정정보가 특히 이러한 정보를 실제로 활용하는 실질적인 응용 사례이다.

특정 지역의 토양정보를 수집하는 것은 계획자, 개발자, 재배자가 토지 이용 계획을 수립하고 효과적인 작물 생산 전략을 실행하는 데 도움이 된다. 정확한 토양 지도는 건물 위치, 배수 체계, 식재 계획 및 다양한 토지 이용을 결정하는 데 필수적이다. 수집된 정보에는 경사도, 토성, 구조, pH, 양분 수준, 토양 단면, 유기물 함량 등이 포함된다.

실습

소요 시간: 30분

난이도: 쉬움

장소: 교실, 집, 실험실, 야외

준비물

- 컴퓨터 또는 스마트폰

절차

다음 내용은 흙토람을 탐색하기 위한 지침이다. 여기에서는 전북특별자치도 완주군 이서면 지역의 토양 정보 탐색 과정을 예로 들어 설명한다. 물론 흙토람을 이용한 토양정보 탐색 대상지역은 사용자가 원하는 지역으로 변경할 수 있다.

1. 기기에서 흙토람(https://soil.rda.go.kr/)에 접속한다.
2. 메인 화면에서 토양과 농업환경 → 우리나라의 토양 → 우리나라 논과 밭 토양을 차례로 클릭하면서 필요한 정보를 탐색한다(그림 19.1).

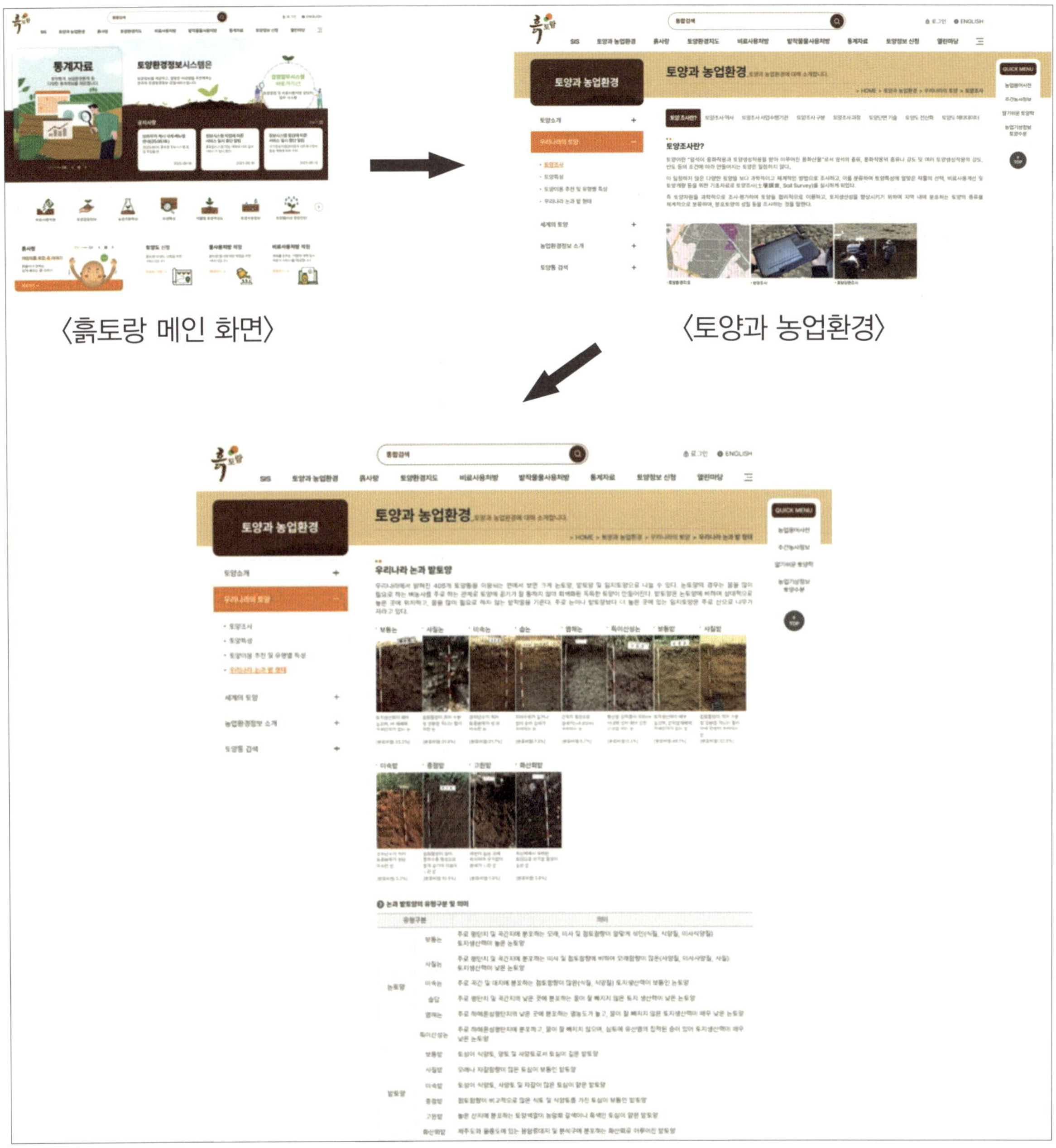

그림 19.1 토양과 농업환경 – 우리나라의 토양 – 우리나라 논과 밭 토양

- 우리나라에서 지금까지 밝혀진 토양통은 몇 개인가?
- 논토양 중 보통논의 의미는 무엇인가?

3. 토양통 검색을 클릭하고 검색창에서 중동통(중동)을 검색한다(**그림 19.2**, **19.3**).
    - 중동통 심토2의 토색과 토성은 각각 어떻게 되나?

그림 19.2 토양통 검색

중동통
(JUNGDONG SERIES)

Established Series
UKT, JFD
20 October, 1969

중동통은 미국 Soil Taxonomy 분류에 의하면 coarse loamy, mixed, mesic family of Fluventic Dystrudepts에 속하며, FAO/WRB 분류에 의하면 Haplic Fluvisols(Alumic Dystric)에 속함. 표토암갈색(10YR 3/3)세사양토, 심토(1(BA)는 갈색의 사양토이며 심토2(Bw)는 암갈색의 사양토임. 심토3(BC)는 암갈색의 사양토임. 이 토양은 내륙의 하성평탄지에 위치하며, 하성충적층으로부터 기인함

중동통 대표토양: 중동 세사양토_배추(토색은 반습상태)
경사: 2-7%
해발: 35m
토양수분상: 습윤상(udic)
토양온도상: 온대상(mesic)
모재: 충적층
진단특성: Soil Taxonomy는 0-19cm 오크릭(ochric), 36-62cm 캠빅(cambic)층, WRB는 36-62cm cambic층을 보유함
단면기술: 송관철, 노대철, 현병근(2013. 4. 24)

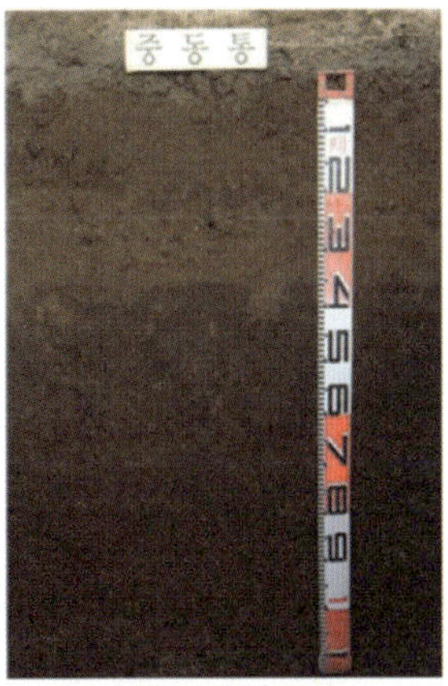

중동통의 토양단면 및 분포지형

표토 - 0-19cm. 암갈색(10YR 3/3)의 세사양토; 구조는 중용이며 보통 내지 큰 입상; 반습시 푸슬푸슬하며 점착성과 가소성이 약함; 뿌리는 작거나 보통이며 있음; 공극은 작거나 보통이며 있음; 운모는 매우 작고 있음; 벌레구멍은 적음; 경계는 평면상으로 명료함

심토1(BA) - 19-36cm. 갈색(10YR 4/3)의 사양토; 구조는 약하며 큰 판상; 반습시 푸슬푸슬하며 점착성과 가소성이 약함; 뿌리는 작거나 보통이며 적음; 공극은 작고 보통이며 적음; 운모는 작고 적음; 벌레구멍은 적음; 경계는 파상으로 확연함

심토2(Bw) - 36-62cm. 암갈색(10YR 3/3)의 사양토; 구조는 약하며 보통 내지 큰 판상; 반습시 푸슬푸슬하며 점착성과 가소성이 약함; 뿌리는 작고 적음; 공극은 보통 내지 크고 적음; 운모는 매우 작고 있음; 경계는 평면상으로 점변함

심토3(BC) - 62-160cm. 갈색(10YR 4/3)의 사양토; 구조는 약하며 작거나 보통인 판상; 반습시 푸슬푸슬하며 점착성과 가소성이 약함; 뿌리는 매우 작고 적음; 공극은 작거나 보통이며 적음; 운모는 매우 작고 있음

⋮

그림 19.3 토양통 – 중동통

4. 메인 화면에서 토양환경지도 ➜ 작물별 토양적성도를 클릭한 후 지역 창에서 전북특별자치도 완주군 이서면을 선택한 후 위치검색을 클릭한다.

- 작물별 토양적성도를 클릭한다(그림 19.4).

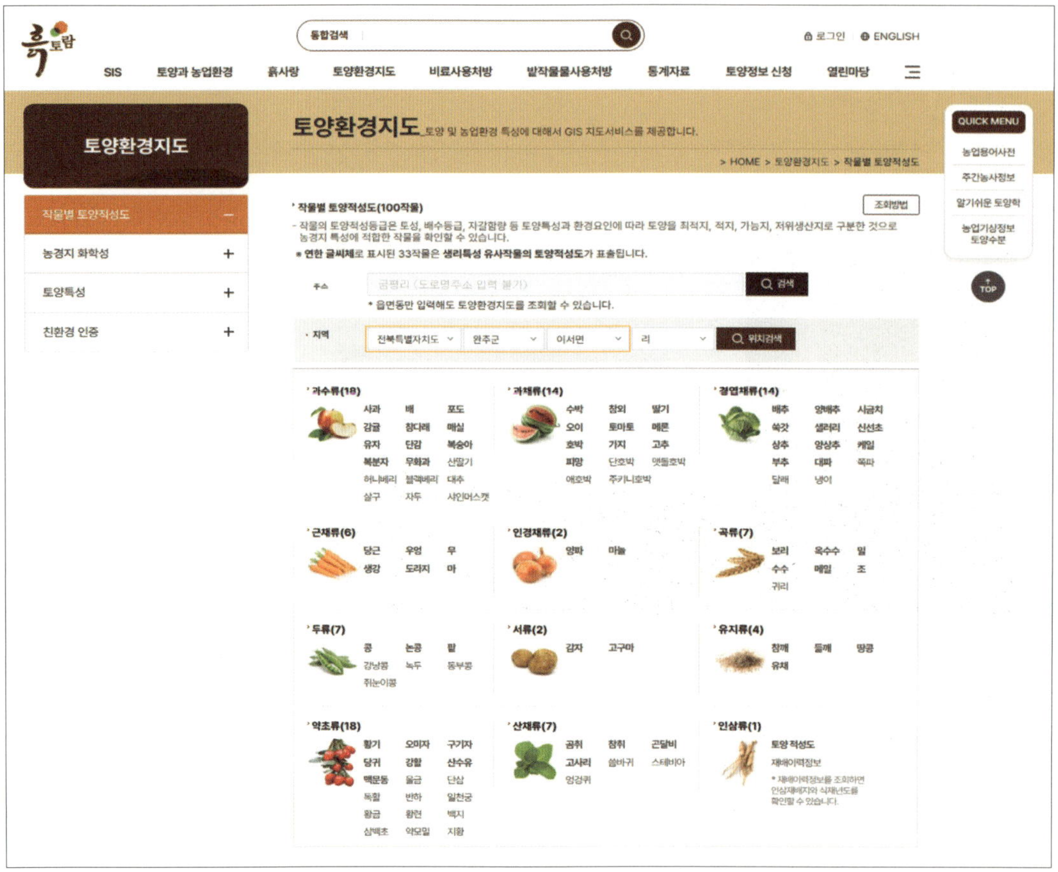

그림 19.4 토양환경지도 – 작물별 토양적성도

- 근채류(6)에서 무와 생강 중 최적지 면적이 더 넓은 것은 무엇인가(**그림 19.5**)?

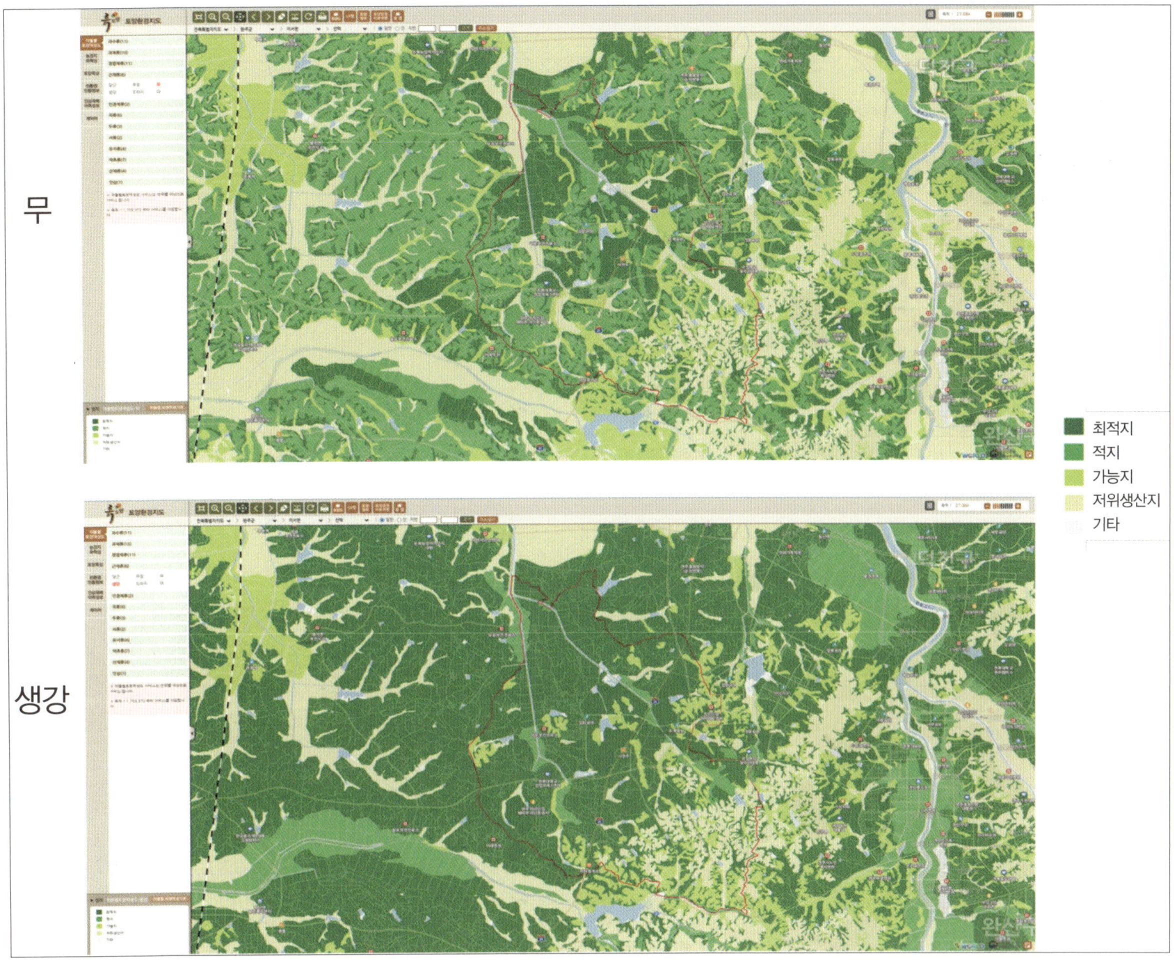

그림 19.5 근채류 무와 생강 최적지 면적 비교

5. 토양특성 ➜ 단면 특성(12) ➜ 모암(모재)를 차례로 클릭한다(**그림 19.6**).
   - 가장 분포면적이 넓은 모암(모재)은 무엇인가?

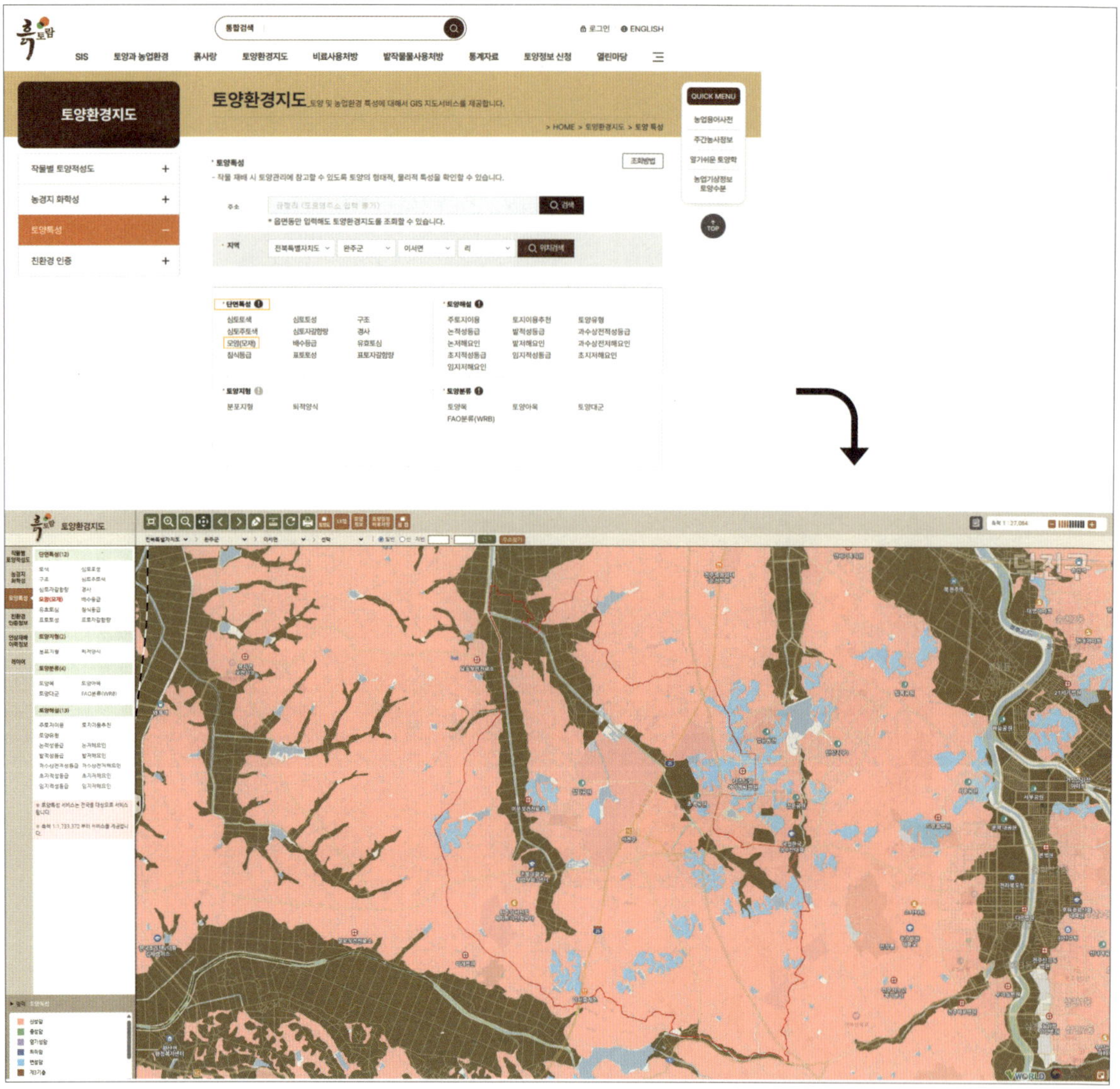

그림 19.6 토양특성 – 단면특성 – 모암(모재) 검색

6. 토양지형(2) ➜ 분포 지형을 클릭한다(**그림 19.7**).

- 구릉지와 산록 경사지 중 분포면적이 더 넓은 것은 무엇인가?

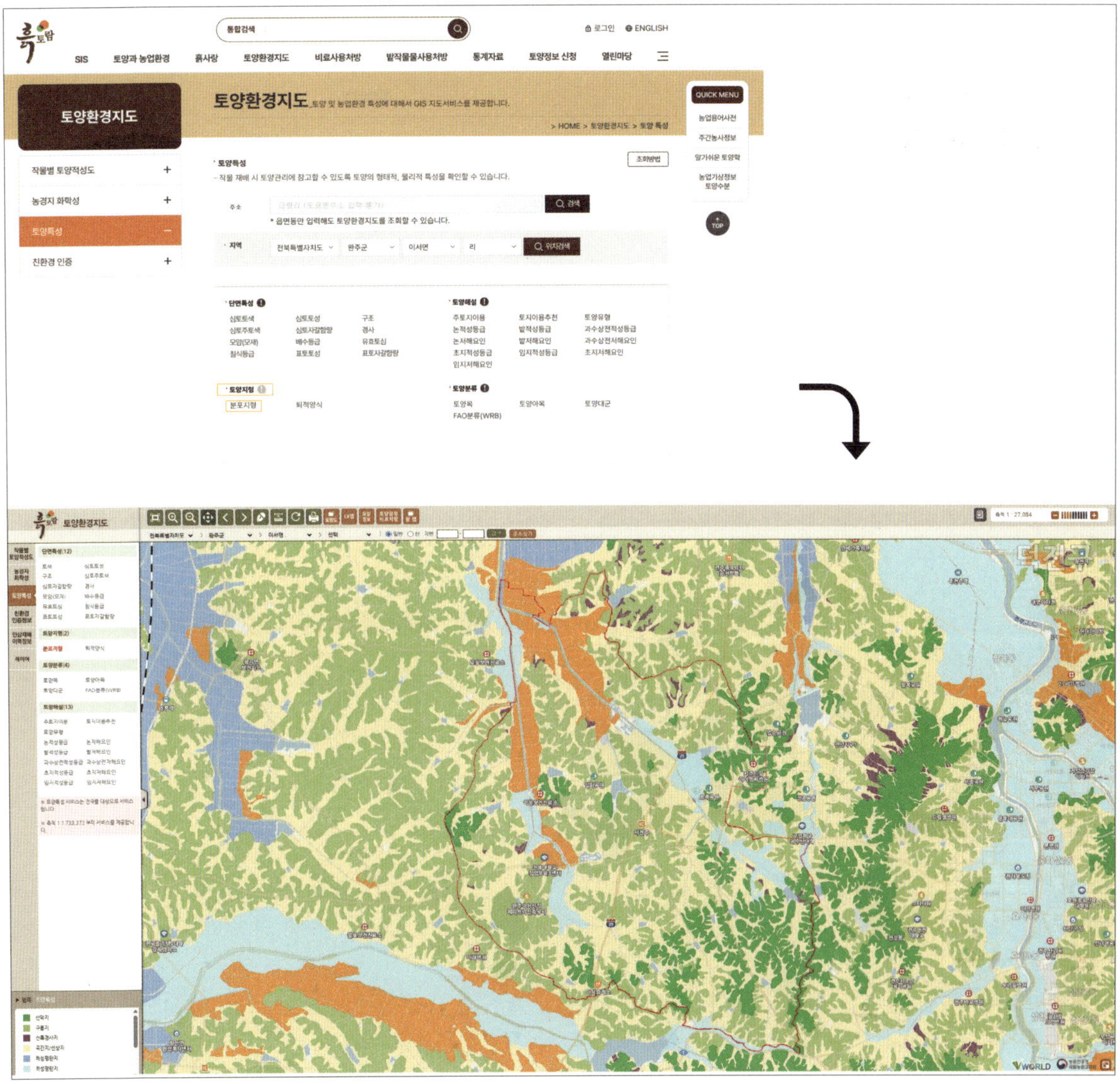

그림 19.7 토양특성–토양지형–분포지형 검색

7. 토양 분류(4) ➜ 토양목을 클릭한다(**그림 19.8**).
   - 가장 분포면적이 넓은 토양목은 무엇인가?

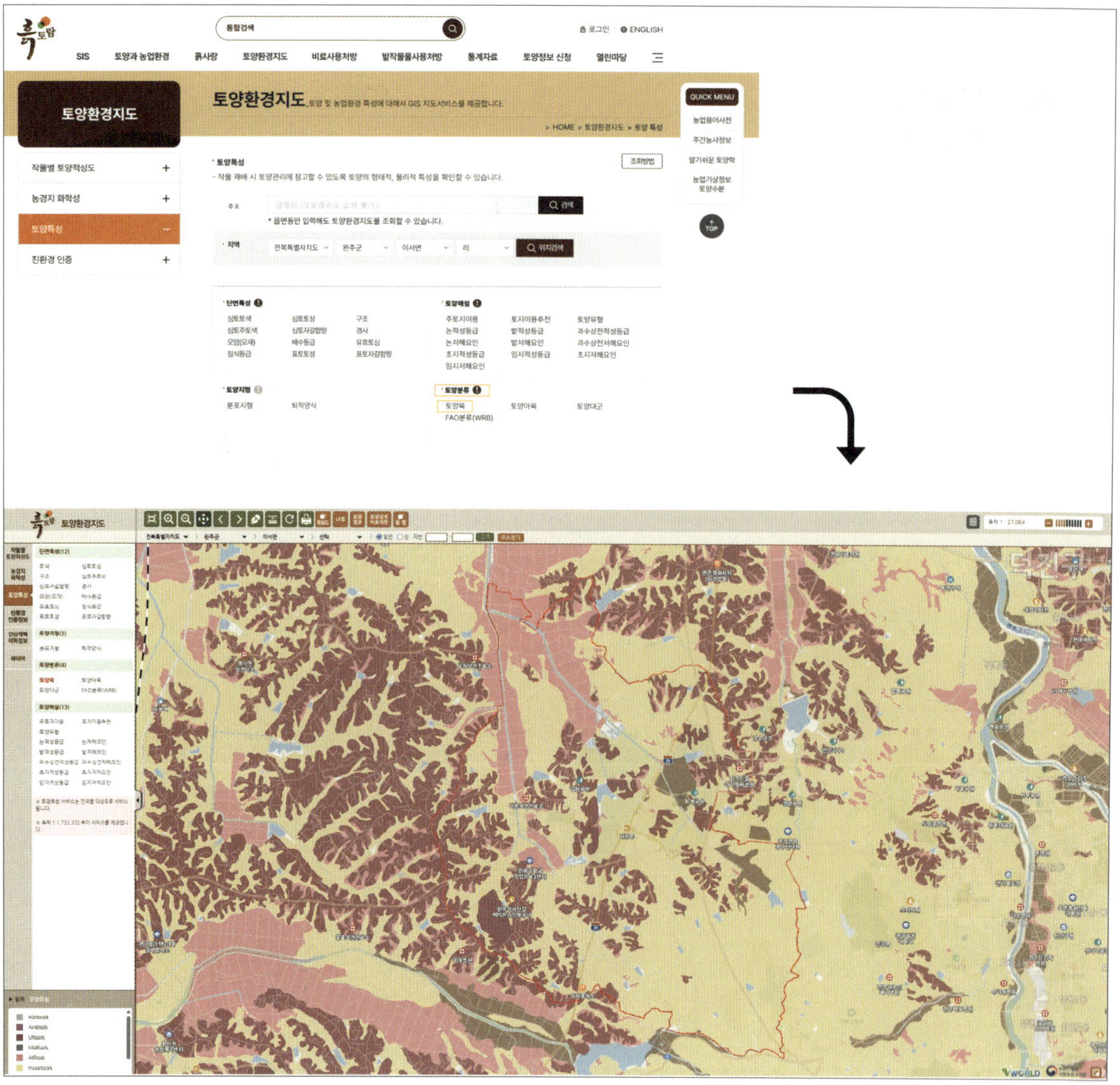

그림 19.8 토양특성 – 토양분류 – 토양목 검색

8. 토양해설(13) → 논 적성등급을 클릭한다(그림 19.9).
   - 논_1급지와 논_3급지 중 분포면적이 더 넓은 것은 무엇인가?

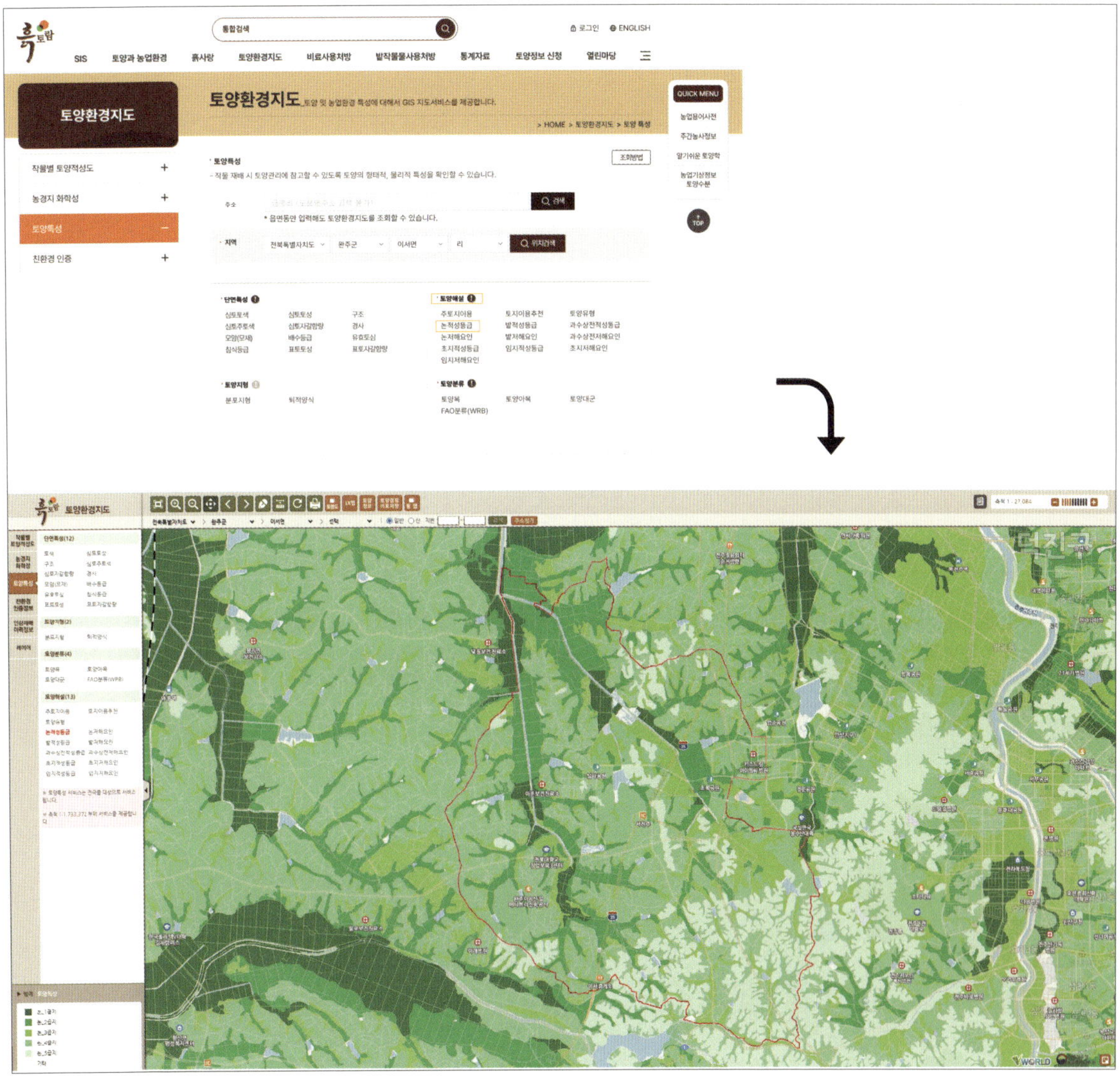

그림 19.9 토양특성－토양해설－논 적성등급 검색

9. 관심 있는 위치의 토양 특성에 대해 더 많은 정보가 필요하다면, 흙토람(https://soil.rda.go.kr/)에 접속하여 메인 화면에서 관심 있는 위치의 토양 특성 및 토양에 대한 다양한 정보를 알아보시오.

참고문헌

국립농업과학원. 흙토람(https://soil.rda.go.kr/)

토양 질 평가 20

개요

토양은 생태계의 기반이자 생명 유지에 필수적인 요소로서, 우리 지구의 지속 가능성에 중요한 역할을 한다. 도시 토양과 토양 자원은 물 조절, 탄소 저장, 생물 다양성 유지 등 도시 생태계의 필수 기능을 담당하는 중요한 구성 요소이다. 토양 건강(soil health)을 연구하고 조사하는 것은 미래 세대를 위해 토양의 질을 유지하는 데 필수적이다. 제20장에서는 이 책 전반에 걸쳐 얻은 토양 검사 결과를 수집하고 분석하는 데 중점을 둔다. 그리고 토양 특성과 검사 결과를 고려하여 지렁이의 관점에서 창의적인 이야기나 시각적 표현을 만들 것을 권한다. 이 실습은 토양의 질을 되돌아보고, 문제점이 있다면 해결책을 제시하며, 특정 토양 유형에 적합한 식물을 선택하여 더 건강하고 생물 다양성이 풍부한 토양 생태계 조성을 촉진하는 것을 목표로 한다.

목표 이 책에서 제공된 자료를 바탕으로 지렁이의 관점에서 토양 결과를 해석하고 토양의 질을 평가한다.

이론적 배경

토양은 생태계의 근본적인 구성 요소이며, 모든 생물체 생애주기의 시작과 끝을 담당한다. 토양은 우리 지구 표면에서 역동적이지만 한정된 자원으로, 과거와 미래 모두에 대한 통찰력을 제공한다. 이 제한된 천연자원의 중요성을 고려하여 도시 생태계에서 다양한 기능을 수행하는 토양을 관리하는 것은 매우 중요하다. 도시 토양과 토양 자원은 수자원 관리와 정화, 탄소 저장, 생물 다양성 유지, 인프라 개발 및 도시 농업에서 중요한 역할을 한다. 미래 세대를 위해 토양의 질을 보장하려면 토양 건강을 연구하고 지속적으로 감시하는 것이 필수적이다.

모든 실습이 완료됨에 따라 이제 토양의 질을 평가하고, 문제를 식별하며, 적절한 해결책을 제안할 수 있다. 창의적인 이야기와 토양 검사 결과를 바탕으로, 토양의 질을 개선하고 특정 토양 유형에 적합한 식물을 선택하기 위한 관리 계획을 수립할 수 있다.

실습

1. 이전 실험에서 얻은 모든 검사 결과를 결과표에 모으시오.
2. 이제 실험 결과를 토대로 지렁이의 관점에서 토양 이야기를 작성하시오. 다음은 참고할 만한 아이디어이다.
   - 당신(지렁이)이 사는 토양의 전반적인 질은 어떤가?
   - 당신이 사는 토양에는 몇 개의 토양층이 있으며, 그들 사이의 주요 차이점은 무엇인가? 왜 그런 차이가 발생하나? 토양 단면 발달 과정에서 당신은 어떤 역할을 하나?
   - 어떤 모재가 있나?
   - 당신의 먹이원은 무엇인가? 주변의 토양은 영양가가 있나?
   - 토양구조는 어떤가? 토양구조가 뿌리 침투, 수분 이동, 지렁이의 경로를 제한하나?
   - 토성(미세, 중간, 거친)은 어떤가? 토성에 따른 토양의 투과성, 배수성, 침투성 및 공극의 양과 크기는 어떠한가?
   - 실험 결과를 종합하여 볼 때 당신이 사는 곳 위에 어떤 식물이 자랄 수 있나? 지금 무엇이 자라고 있나? 평가된 토양의 질과 일치하나?
   - 토양의 질과 생물 다양성을 개선하기 위해 비료나 토양개량제를 써야 하나?
   - 당신의 삶을 더 건강하고 행복하게 만들기 위해 어떤 토양 관리 방법을 제안할 수 있나? 당신 친구(지렁이)의 수를 어떻게 늘릴 수 있나?
3. 또는 종이나 컴퓨터 프로그램을 활용하여 자신의 관찰과 해석을 상세한 그림 또는 만화 형식으로 그려보시오.

결과표

토양 특성	답변
모재(지질도나 흙토람 참조)	
토성	
자갈 함유량(% 대략)	
토양 구조	
토양 결지성	
색	
냄새	
수분 보유력	
침투율(침투속도)	
투과성	
공극률	
pH	
염분(단위)	
NPK 함량	
양이온 교환 능력	
탄산염 함량	
토양 생물 유형	
지렁이 수[가로(30 cm) × 세로(30 cm) × 깊이(30 cm) 구덩이 내부]	
유기물 함량 추정(높음, 중간, 낮음)	
중금속 농도	

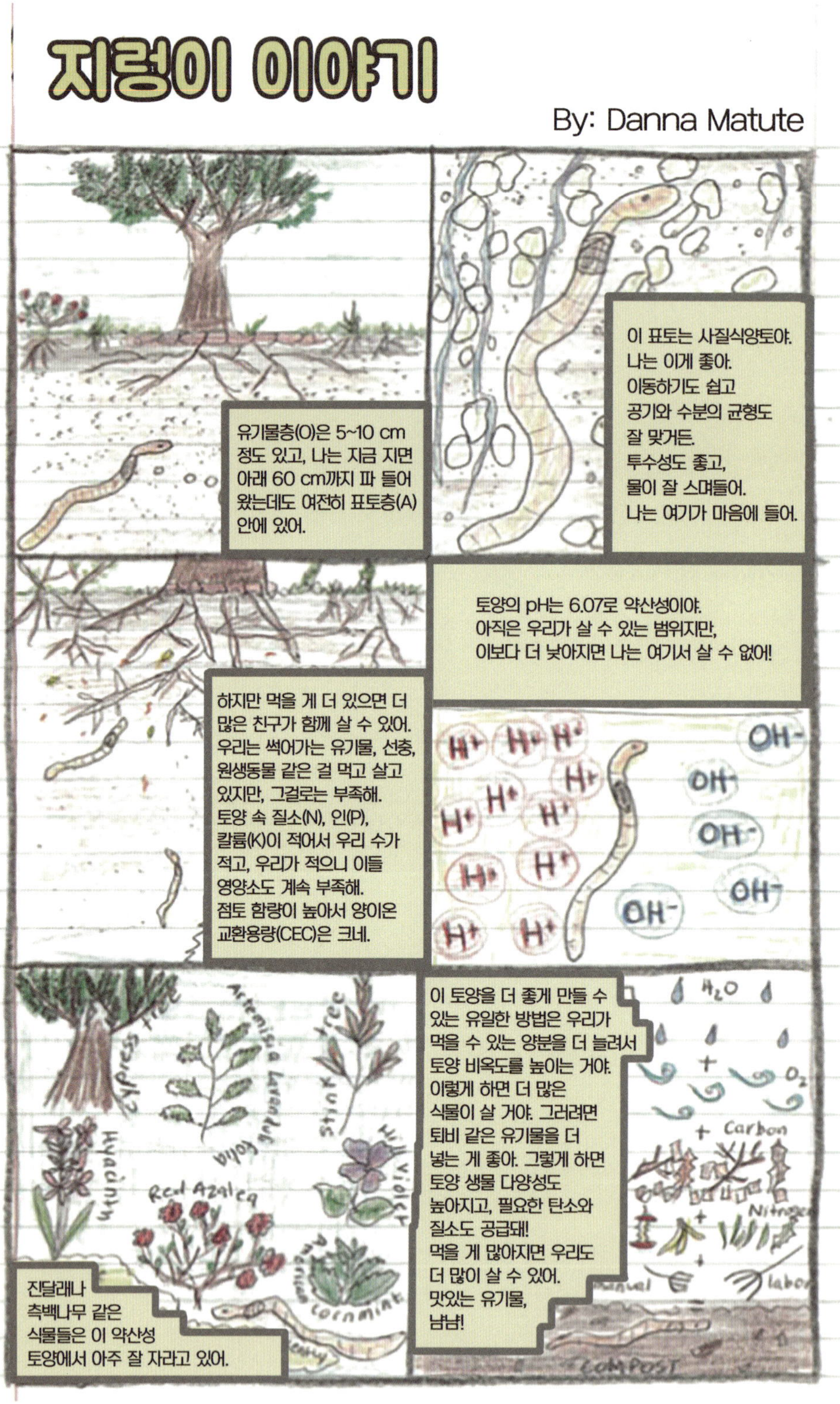

그림 20.1 Danna Matute의 지렁이 이야기 예시

부록

이 부록에서는 토양시료채취 전략, 주요 식물의 최적 pH 범위(표 A1), 토양 pH가 양분 유효도와 생물에 미치는 영향(그림 A2), 현미경으로 본 토양 생물과 광물의 삽화(그림 A3), 토양 용어 해설집 및 텃밭 토양관리에 관련된 내용을 추가로 다룬다.

부록 1: 토양시료채취 전략

시료 채취 절차

토양시료는 대상지의 토양 유형, 토양 관리 방법, 경사도, 피복식물, 수분 상태 등에 따라 별도의 시료를 채취해야 한다.

1. 삽 또는 모종삽을 사용하여 대상지 크기에 따라 한쪽에 치우치지 않도록 무작위로 고른 3~10개 지점에서 시료를 채취한다(그림 A1).
2. 모든 토양을 깨끗한 용기(예: 스테인레스 용기나 큰 비닐백)에 넣고 잘 섞는다.
3. 자갈, 잎, 식물 뿌리를 제거한다.
4. 분석을 위한 대표 시료 하나를 얻는다.

시료 채취 깊이

- 일반적으로 채소 재배지에서는 토양 표면에서 15~20 cm 깊이까지 시료를 채취한다.
- 다년생 작물(예: 페스큐, 알팔파, 잔디) 재배지에서는 토양 표면에서 10~15 cm 깊이까지 시료를 채취한다.
- 목본 다년생 작물(과수, 포도나무, 프로테아 등) 재배지에서는 0~15 cm, 15~30 cm 깊이에서 표토와 심토 시료를 각각 채취하여 별도로 분석한다.

- 피복식물 재배지에서는 0~10 cm 깊이에서 시료를 채취한다.
- 오염 검사를 위해서는: (1) 토양 작업 시의 잠재적 인체 노출 평가와 흙튀김 현상(splash)으로 인한 식물 표면으로의 잠재적 오염 확산 평가를 위해 토양의 상부에서 시료를 채취한다. 즉, (2) 토양 표면에서 8~10 cm 깊이까지 시료를 채취하며, (3) 경우에 따라서는 토양 표면에서 근권으로의 오염물질 이동을 평가하기 위해 0에서 15~20 cm 깊이까지 시료를 채취한다.

그림 A1 잔디밭 및 채소 재배지의 시료 채취 전략

부록 2a: 특정 식물에 적합한 토양 pH 범위*

표 A1은 다양한 식물 종에 적합한 최적의 토양 pH 범위를 제시하며, 건강한 식물의 생장과 발달을 보장하기 위한 지침 역할을 한다. 표시된 pH 수준은 양분 흡수에 중요한 영향을 미치며, 식물의 활력과 수확량에도 영향을 주기 때문에 정원사와 농민이 토양 조건을 최적화하는 데 유용한 참고자료로 활용된다.

*pH 측정 시 미국은 주로 토양:증류수를 부피비로 1:1로 혼합하여 측정하나, 우리나라에서는 토양:증류수를 (무게:부피)비로 1:5로 혼합하여 측정함. 이 두 값은 약간의 차이는 있으나 일반적인 pH 범위를 평가하는 데는 문제가 없음.

표 A1 주요 식물 종별 토양 pH 적정 범위

식물	적합한 pH 범위	식물	적합한 pH 범위
알팔파(*Medicago sativa*)	6.2~7.5	겨자(*Brassica* spp.)	5.5~6.5
사과(*Malus domestica*)	5.6~7.0	귀리(*Avena sativa*)	5.5~7.0
아스파라거스(*Asparagus officinalis*)	6.0~7.0	양파(*Allium cepa*)	6.0~6.8
진달래(*Rhododendron* spp.)	4.5~5.8	완두(*Pisum* spp.)	6.0~7.0
보리(*Hordeum vulgare*)	5.5~7.0	고추(*Capsicum* spp.)	5.5~6.5
강낭콩(*Phaseolus* spp.)	6.0~7.0	소나무(*Pinus* spp.)	5.0~6.0
블루베리(*Vaccinium* spp.)	4.5~5.5	고구마(*Ipomoea batatas*)	5.0~5.8
메밀(*Fagopyrum esculentum*)	5.3~6.5	감자(*Solanum tuberosum*)	4.8~6.5
양배추(*Brassica oleracea*)	5.6~7.0	아메리칸 자두(*Prunus americana*)	6.5~8.5
당근(*Daucus carota*)	5.6~7.0	무(*Raphanus sativus*)	5.5~6.5
클로버(*Trifolium* spp.)	6.0~7.0	호밀(*Secale cereale*)	5.5~7.0
옥수수(*Zea mays*)	5.5~7.0	대두(*Glycine max*)	5.5~7.0
오이(*Cucumis sativus*)	5.5~6.8	시금치(*Spinacia oleracea*)	6.0~7.0
가지(*Solanum melongena*)	5.5~6.5	호박(*Cucurbita* spp.)	5.5~6.5
벼과 식물(*Poaceae*)	5.5~7.0	딸기(*Fragaria* spp.)	5.0~6.5
파란색 수국(*Hydrangea macrophylla*)	4.5~5.3	토마토(*Solanum lycopersicum*)	5.5~6.7
파란색 붓꽃(*Iris versicolor*)	5.0~7.5	단풍잎 가막살나무(*Viburnum acerifolium*)	4.0~5.0
케일(*Brassica oleracea* var. *acephala*)	5.3~7.0	웨이페어링 트리(*Viburnum lantana*)	5.5~7.0
상추(*Lactuca sativa*)	6.0~7.0	수양버들(*Salix babylonica*)	5.0~6.0

부록 2b: 토양 pH가 양분 유효도, 독성 및 일부 생물에 미치는 영향

그림 A2는 토양 pH가 양분 유효도, 잠재적 독성 및 일부 생물의 건강에 영향을 미치는 다양한 측면을 보여준다. 이 시각 자료에서는 pH가 토양 건강과 생태계의 역동성에 미치는 핵심적인 역할을 강조한다. 토양 pH는 양분의 용해도, 독성 물질의 발생 가능성, 토양 생물의 생존에 영향을 주며, 이러한 요소들은 토양 환경 내 작물의 생산성과 안전성에 직결된다.

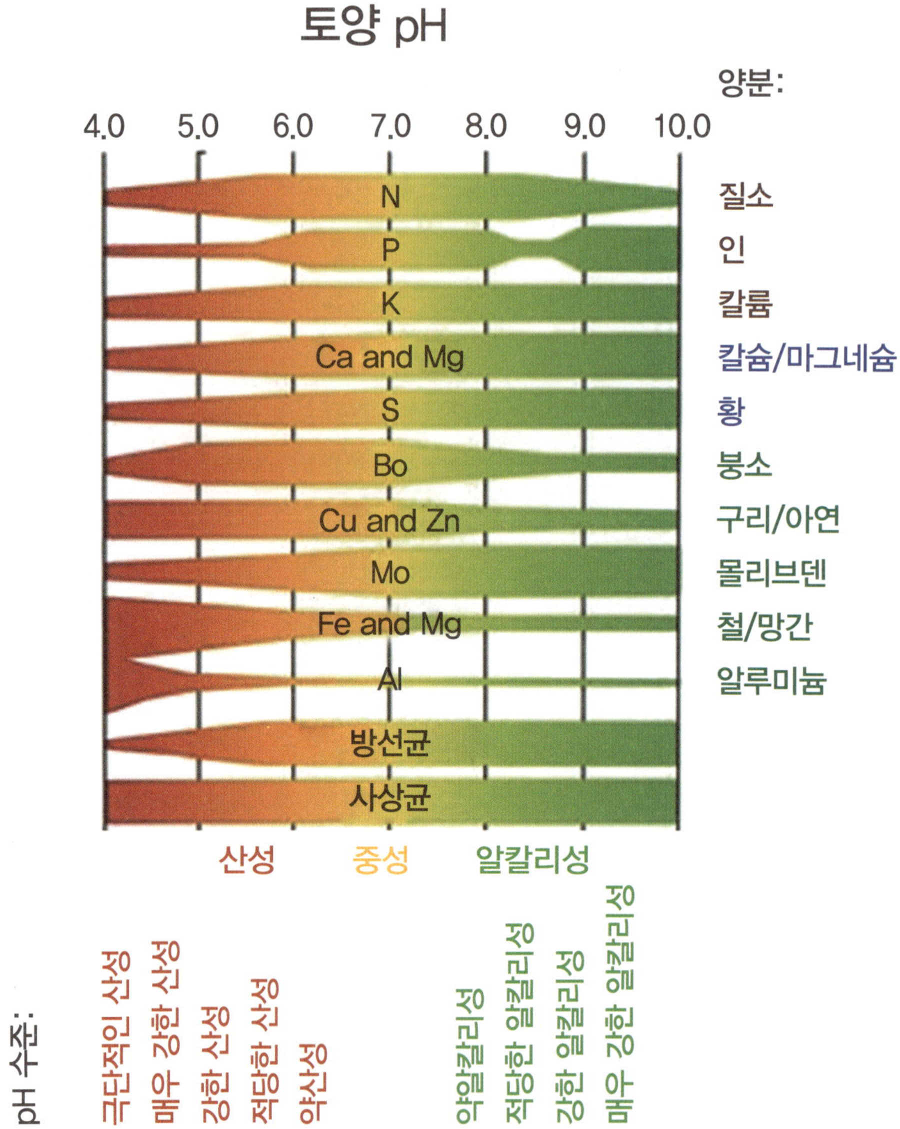

그림 A2 토양 pH가 양분 유효도, 독성 및 다양한 생물에 미치는 영향(다량 원소, 미량 원소)

부록 3: 현미경으로 본 토양 생물과 광물

현미경으로 관찰한 토양을 나타낸 **그림 A3**은 토양 건강과 생태계 기능을 유지하는 데 필수적인 다양한 생물과 광물입자를 나타낸다. 광물은 종종 각지거나/뾰족하거나/둥근 가장자리를 가진 형태로 나타나며, 반투명에서 투명한 성질을 지닌다. 또한 점토나 유기물질로 덮여 있는 경우가 많아, 광물에 짙은 흑갈색을 띠게 한다. 이러한 존재들은 양분 순환과 토양 구조의 유지에 중요한 역할을 하며, 토양 생물다양성과 활력 보존의 중요성을 강조한다.

현재 사용 가능한 현미경 배율로는 곰팡이와 일부 원생생물(평면 형태)을 구분하기가 어렵다. 많은 곰팡이는 둥근 형태를 띠고 있다. 원생생물에는 동물형(길쭉하거나 타원형 등)과 식물형(종종 둥근 형태)이 있다. 세균은 수없이 많으며, 여기서는 작은 점 모양으로 나타난다.

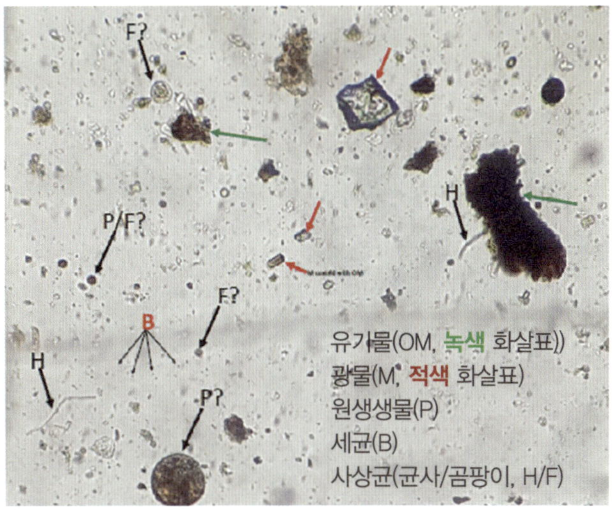

가로(0.5 mm) x 세로(0.5 mm)

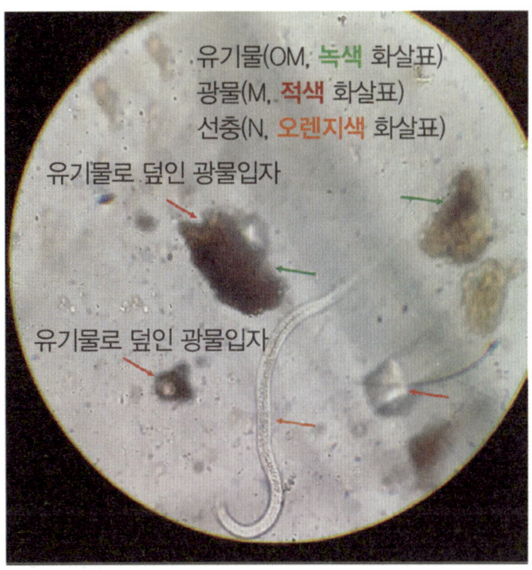

가로(0.05 mm) x 세로(0.05 mm)

그림 A3 토양 생물과 광물의 현미경 관찰(이미지 제공: George Lozefski)

부록 4: 토양 용어 사전

가넷(Garnets): 다양한 화학조성과 색상을 가진 규산염 광물 군으로, 변성암 및 일부 화성암에서 결정체로 나타나며 보석으로 활용됨.

각섬석(Amphibole): 어두운색의 화성암 및 변성암에서 흔히 발견되는 복잡한 규산염 광물군으로, 길쭉한 결정 형태를 가짐.

결지성(Consistence): 토양이 경운이나 다짐과 같은 외부 힘이 작용할 때 토양의 유동, 변형, 파쇄에 대한 저항성을 나타내는 물리적 성질로 토양수분함량에 따라 달라짐. 토양 구조, 수분 함량 및 유기물 함량과 같은 요소에 의해 결정되며, 느슨한 상태, 부서지기 쉬운 상태에서 단단하고 다져진 상태까지 다양함.

경운(Plowing, Tillage): 쟁기나 트랙터 등 농기계를 이용해 토양을 깊이 20~30 cm 갈아 경작지를 만드는 기계적 경작 방법.

공극률(Porosity): 전체 부피 중 고체 입자가 차지하지 않는 부분(공극)의 부피 백분율.

광물(Mineral): 지질학적 과정을 통해 형성된, 특정한 화학 조성 · 원자 배열 · 물리적 성질을 가진 자연 발생적 무기 고체.

그린 인프라(Green Infrastructure): 친환경 기반 시설. 도시 지역에서 환경적, 사회적, 경제적 혜택을 제공하기 위해 전략적으로 설계되고 관리되는 공원, 도시 숲, 습지, 옥상 녹화, 투수성 포장재 등 자연 및 준자연적 요소로 구성된 기반 시설의 네트워크. 이러한 그린 인프라는 빗물 관리, 생물다양성 보전, 기후 변화 완화, 삶의 질 향상 등 다양한 기능을 수행함.

도시 개발(Urban Development): 인구 증가에 대처하고 주민과 업무의 요구를 충족시키기 위해 도시 지역 내에서 인프라, 건물, 편의시설을 계획, 설계, 건설하는 과정.

도시 계획(Urban Planning): 토지 이용, 기반 시설, 교통, 공공 공간 등 도시의 물리적·사회적 요소를 설계하고 조직하며 관리하는 과정으로, 지속 가능하고 기능적이며 심미적으로 우수한 도시 및 지역사회를 조성하는 것을 목표로 함.

도시 토지 이용(Urban Land Use): 도시 공간 내에서 주거, 상업, 산업, 여가 등 다양한 활동과 기능을 효율적으로 배치하고 할당하는 과정으로, 제한된 도시 공간의 활용도를 극대화하는 것을 목표로 함.

먼셀 토색첩(Munsell Soil Color Book): 색상(파장), 명도(밝기 또는 어두움의 정도) 및 채도(순도 또는 강도)를 상대적으로 지정하는 색상 명명 체계로 토양의 색을 정량적이고 표준화된 방식으로 기록하고 비교하기 위해 사용하는 기준 도구. 예를 들어,

어떤 토양의 색이 10YR 6/4라면 이 토양의 색상은 10YR, 명도는 6, 채도는 4임.

멀치(Mulch): 나무 조각, 짚, 낙엽 등 다양한 재료로 구성된 층을 토양 표면에 덮어주는 것으로, 잡초 발생 억제, 수분 유지, 온도 조절, 토양 비옥도 향상 등 여러 가지 이점을 제공함.

모래(Sand): 0.05 mm에서 2 mm 사이의 토양 입자로, 비표면적이 작으며, 거친 토성 이름으로도 사용됨. 모래 입자의 비율이 높고(86~100%), 미사 함량이 낮으며(0~14%), 점토 함량도 낮은(0~10%) 토양. 점토와 달리, 모래 토양은 건조 및 습윤 시 수축 및 팽창하지 않으며, 인위적으로 다져지지 않는 한 투수성과 통기성이 큼.

모세관수(Capillary Water): 토양의 작은 공극 또는 모세관의 모관력에 의하여 보유되는 물로서 포장용수량과 흡습계수 사이의 수분에 해당함. 모세관 기공 내의 물, 즉 모세관수의 수분 장력은 대략 60 cm 이상이며 중력에 반하여 위로 이동할 수 있음.

모재(Parent Material): 토양 생성 과정(pedogenesis)에서 토양 생성의 기반이 되는 광물 또는 암석 물질로, 토양 생성의 5대 주요 인자 중 하나임.

몬모릴로나이트(Montmorillonite): 매우 반응성이 높은 2:1 층 구조를 가진 규산염 점토로, 점토 광물 중 스멕타이트(smectite) 그룹에 속함.

미량 원소(Trace Elements): 토양에 매우 낮은 농도로 자연적으로 존재하는 화학 원소. 아연, 구리, 철, 망간, 몰리브덴 등이 포함되며, 식물 영양 및 다양한 생화학적 과정에서 필수적인 역할을 함. 비록 소량만 필요하지만, 미량 원소는 식물의 생장과 발달에 매우 중요하며, 토양 내 유효도가 식물 건강과 생산성에 영향을 미침. 그러나 납, 카드뮴, 비소, 수은과 같은 일부 미량 원소가 고농도로 존재하면 인간에게 독성이 될 수 있음. 이러한 원소들은 오염된 토양이나 수원(水源)을 통해 식물에 축적될 수 있으며, 섭취 시 인간의 장기와 생리 시스템에 해로운 영향을 미칠 수 있음.

미사, 실트(Silt): 0.002 mm에서 0.05 mm 크기의 토양 입자로, 넓은 또는 중간 정도의 비표면적을 가지고 있어 토양 구조의 안정성에 영향을 미침. 또한 중간 또는 중세립의 토성을 가지며, 주로 미사 입자(88~100%)로 구성되고, 모래(0~20%)와 점토(0~12%)의 비율은 낮음.

미사질식양토(Silty Clay Loam): 중세립 토성을 가진 토양으로, 비사(40~73%)와 점토(27~40%) 입자가 균형 있게 혼합된 토양이며, 모래 함량(0~20%)은 제한적임.

미사질식토(Silty Clay): 미세 토성을 가진 토양으로, 점토 입자(40~60%), 미사(40~60%) 입자와 낮은 비율의 모래(0~20%)로 구성됨.

미사질양토(Silty Loam): 중간 토성을 가진 토양으로, 주로 미사 입자(74~88%)로 구성되며, 모래(20~50%)와 점토(0~27%)의 비율은 낮음.

바이오솔리드(Biosolids): 하수처리 과정에서 발생하는 유기성 고형물(슬러지)로, 사용 규제 기준에 맞춰 탈수, 안정화, 위생처리 등의 과정을 거쳐 토양 개량제, 농경지 비료, 황폐지 복원 등에 사용되는 유기 물질.

바이오차(Biochar): 바이오매스(식물성 유기물 등)를 산소가 거의 없는 조건에서 고온 열분해하여 얻은 탄소가 풍부한 고형물로, 토양 보수력, 비옥도 등을 증가시키기 위한 토양 개량제 및 탄소 저장을 목적으로 만들어지는 친환경소재임. 탄소를 토양에 오랫동안 격리함으로써 기후 변화 완화에도 이바지함.

박테리아(Bacteria): 세균. 현미경으로 관찰이 가능한 단세포 원핵생물.

방선균(Actinomycetes): 세균과 사상균의 중간적인 특성을 갖는 미생물로 현미경 없이는 볼 수 없을 정도로 작은 균사를 형성하는 세균 그룹. 이 미생물은 '건강한 토양'에서 느껴지는 특유의 상쾌한 흙냄새를 만들어내며, 셀룰로스와 키틴처럼 분해되기 어려운 물질을 분해하는 데 중요한 역할을 하며, 특히 pH가 높은 환경에서 활발하게 활동함. 또한 많은 방선균은 항생제를 생성할 수 있음.

방해석(Calcite): 탄산칼슘으로 구성된 일반적인 광물로, 석회석 및 대리석의 주요 성분이며 다양한 색상과 결정 형태로 나타남.

배수(Drainage): 토양 내에서 물이 이동하고 빠져나가는 과정.

버미큘라이트(Vermiculite): 질석. 수화운모에서 유래된 2:1 층상 규산염. 물과 공기를 보유하여 토양 내 수분과 공기를 유지하는 양질의 토양 개량제로 사용됨.

부식(Humus): 토양 내 유기물 분해의 부산물로 탄소를 함유한 안정된 부식질 및 비 부식질 유기 탄소 화합물. 부식질은 형태가 불분명하며, 낮은 비중과 넓은 표면적을 가짐. 부식질은 토양 비옥도와 수분 보유력에 중요한 역할을 하며, 토양 입자의 입단 형성에 도움을 줌. 미세 점토와 함께 토양 콜로이드에 해당함.

비료 시용(Fertilization): 주로 토양 비옥도를 높이기 위해 무기질 양분을 토양에 추가하는 것. 석회 시용처럼 때로는 비료 시용의 목적이 양분공급이 아닌 특정 토양 특성(예: pH, 토양 구조의 안정성)을 개선하는 데 있음.

빙하(Glaciers): 동결 조건에서 눈이 압축되고 재결정화되어 형성된 대규모 얼음덩어리로, 자체 무게에 의한 압력으로 인해 아래쪽으로 또는 모든 방향으로 이동하는 경우가 많으며, 온난화 조건에서는 정체되거나 후퇴할 수 있음.

뿌리 분비물(Root Exudates): 식물의 뿌리 시스템에서 소량으로 방출되는 물질로 탄수화물, 유기산, 비타민 및 토양 미생물의 생존에 필수적인 다양한 물질을 포함함.

사암(Sandstone): 규소와 같은 결합 물질에 의해 결합한 모래 크기의 입자로 구성된 퇴적암으로, 건축 자재나 도로 포장재로 널리 사용됨.

사양토(Sandy Loam): 중간 정도의 거친 토성을 가진 토양으로, 모래(50~70%), 미사(0~50%), 점토(0~20%) 입자가 혼합된 토양.

사질식양토(Sandy Clay Loam): 상당한 양의 모래(45~80%)와 중간 정도의 점토(20~35%) 및 제한적인 양의 미사(0~28%)가 포함된 중간 미세 토성의 토양.

사질식토(Sandy Clay): 고운 토성을 가진 토양으로, 모래 입자가 45~65%, 점토는 30~55%를 차지하며, 미사 함량은 제한적으로 0~20% 정도로 구성됨.

산성 토양(Acid Soil): 토양 pH 값이 7보다 낮은 토양.

산성화(Acidification): 토양이 산성(pH < 7)이 되는 과정으로, 이는 산성 모암이 존재하거나 강우량이 많은 지역에서 토양 용탈(leaching)이 발생할 때 일어남. 이러한 산성화는 비료 사용, 산업 및 차량에서 배출되는 오염물질의 침착 등 인간 활동에 의해 가속화될 수 있음.

산화 환원 특성(Redoximorphic Features): 준습지 상태에서 토양이 물로 포화된 상태와 불포화 상태가 반복되면서 철과 망간의 산화물과 환원물이 혼합되어 있는 토양의 형상. 이러한 특성은 토양의 습윤 상태와 수분 이동을 파악하는 데 중요한 지표가 됨.

석영(Quartz): 규소와 산소로 구성된 광물로, 다양한 색상과 형태로 존재하며, 지구상에서 가장 풍부한 광물 중 하나임.

석회암(Limestone): 주로 방해석(calcite) 또는 아라고나이트(aragonite)로 구성된 퇴적암으로, 해양 생물의 화석이 축적되거나 화학적 침전 작용을 통해 형성됨. 석회암은 내구성과 가공성이 뛰어나 건축 자재로 널리 사용되며, 시멘트 제조나 토양 개량에도 활용됨.

수분 보유력, 보수력(Water Retention): 토양이 침투보다 더 오랜 시간 동안 물을 머금고 있는 능력을 말하며, 일반적으로 배수가 잘 되는 토양에서는 약 48시간 동안 지속됨. 이 능력은 토양의 입자 크기(토성), 유기물 함량, 부식질, 그리고 토양 밀도에 크게 영향을 받음.

식양토(Clay loam): 27~40%의 점토와 20~45%의 모래를 포함하는 토양 물질.

실리마나이트(Sillimanite): 고온·고압 조건에서 형성된 변성 광물로, 길쭉한 기둥 모양의 결정을 가짐.

스멕타이트(Smectite): 매우 반응성이 높은 규산염 점토 광물군으로, 그 중 몬모릴로

나이트(Montmorillonite)가 대표적인 광물임. 이 광물들은 물과 이온을 흡수하고 팽창하는 성질이 강해, 토양의 물리적·화학적 특성에 큰 영향을 미침.

알칼리성 토양(Alkaline Soil): pH가 7에서 14 사이인 토양으로, 정원사 사이에서는 종종 달콤한 토양(sweet soil)으로 불림.

암석(Rock): 자연적으로 생성된 고체 형태의 광물 또는 준광물(mineraloid)의 집합체로, 크기, 형태, 조성, 질감 등이 다양함. 암석은 형성 과정에 따라 크게 화성암, 퇴적암, 변성암으로 분류됨.

양분(Nutrients): 질소, 인, 칼륨과 같은 식물 생장에 필수적인 물질. 이용 가능한 영양분은 식물이 쉽게 흡수할 수 있는 영양분을 의미함.

양이온(Cation): 양전하를 띤 이온.

양이온 교환(Cation Exchange): 용액 내의 양이온이 점토나 유기물과 같은 음전하를 띤 물질의 표면과 용액 사이의 경계층에 존재하는 다른 양이온과 상호교환되는 과정.

양이온교환용량(Cation Exchange Capacity): 토양이 흡착할 수 있는 교환 가능한 양이온의 총량. 식물에 필요한 양분은 대부분 양이온이므로 토양이 양분을 유지하는 능력이라 하기도 함.

양질사토(Loamy Sand): 상당한 양의 모래 입자(70~86%)와 비교적 낮은 미사 함량(0-30%) 및 제한된 점토 함량(0~15%)을 가진 중간 정도의 거친 질감을 가진 토양.

양토(Loam): 점토가 7~27%, 미사가 28~50%, 모래가 23~52% 포함된 토양.

염류집적토양(Salt-Affected Soil): 가용성 염류가 존재함으로써 작물 생장에 부정적인 영향을 미친 토양.

염류 토양(Saline Soil): 나트륨 함량이 높지 않은 토양(비 나트륨성 토양)으로, 대부분의 작물 생장을 저해할 정도로 충분한 양의 가용성 염류를 포함하고 있음. 이러한 토양의 포화추출액 전기전도도 하한선은 일반적으로 4 dS/m(25℃ 기준)으로 설정되며, 민감한 작물은 이보다 절반 수준의 염류 농도에서도 영향을 받을 수 있고, 내염성이 강한 작물은 이보다 두 배 수준의 염류 농도까지 견딜 수 있음.

용탈(Leaching): 토양 단면 내에서 가용성 물질이 물의 이동에 의해 한 층위에서 다른 층위로 이동·제거되는 과정.

운모(Micas): 판상 구조를 가진 규산염 광물군으로, 뛰어난 쪼개짐과 탄성을 특징으로 하며, 암석 내에서 얇고 유연한 판이나 조각 형태로 자주 발견됨. 백운모(Muscovite)는 흔한 운모 광물로, 일반적으로 흰색, 은색 또는 연한 갈색과 같은 열은 색을 띰 . 흑운모(Biotite)는 어두운 색을 띠는 운모 광물로, 보통 검은색 또는 짙은 갈색이고, 화성암과 변성암에서 자주 발견되며 철과 마그네슘 같은 원소를 소량 포함하고 있음.

위조점(Wilting Point): 식물 뿌리가 물을 흡수하는 속도가 너무 느려져서 식물의 팽압을 유지할 수 없게 되어 영구적으로 시드는 상태가 되는 토양 수분 함량. 위조점에서 토양 입자 주위의 수분 막 외부 표면에서의 평균 수분 장력은 15기압 또는 1500 kPa임.

유기물(Organic Matter): 토양에서 발견되는 식물, 동물, 미생물의 분해되었거나 분해 중인 잔재물로 모두 탄소(C)를 포함함. 여기에는 식물 잔여물, 뿌리, 미생물과 그 부산물과 같은 다양한 물질이 포함됨.

음이온(Anion): 음전하를 띤 이온.

이온(Ion): 전하를 가진 원자 또는 원자 그룹.

이탄(Peat): 부분적으로 분해된 식물 재료에서 유래한 높은 유기물 함량을 가진 토양 물질. 습지 환경에서 형성되며, 스펀지처럼 부드럽고 탄력 있는 질감을 가짐. 이탄지에서 발견되며 탄소 저장과 물 조절에 중요한 역할을 함.

인공물(Artifacts): 인간 활동으로 생긴 결과물: 형태 및 성질이 바뀐 물질(석탄재, 철광석 슬래그, 아스팔트), 폐기물(쓰레기 또는 하수 슬러지), 가공 천연물(목재), 제조된 물질(플라스틱, 유리 섬유, 벽돌, 시멘트 블록, 콘크리트, 철 및 강철, 유기 부산물 및 기타 건축폐기물).

일라이트(Illite): 수화된 운모 유형의 비 팽창성 층상 규산염 2:1 점토광물.

입경분포(Particle-Size Distribution): 토양 중 모래, 미사, 점토의 비율. 입자 크기 분석은 실험실 절차임. 토성(soil texure)은 모래:미사:점토의 비율로 결정되는 토양의 성질임.

입단(Aggregate): 점토, 부식, 미생물, 철의 산화물, 양이온 등의 다양한 요인과 물리적 힘(수분 변화에 따른 수축 및 팽창, 동결 및 해빙, 뿌리 확장)에 의해 결합한 두 개 이상의 토양 입자로 구성된 토양 응집체.

입단화(Aggregation): 기본적인 토양 입자(모래, 미사, 점토)가 자연적인 힘과 뿌리에서 분비된 물질 및 미생물 활동에서 유래한 물질에 의해 결합하는 과정. 토양 입단은 토양 구조 단위인 토양 페드(peds)를 형성하며, 크기, 형태(판상, 주상, 각괴상, 아각괴상, 입상), 등급(단립, 덩어리, 약함, 보통, 강함)으로 분류됨. 농업적 관점에서 가장 중요한 토양 입단은 크기가 1~3 mm 범위에 있는 것들임.

자갈(Gravel): 주로 모래보다 큰 입자(직경 2 mm 이상)로 구성된 둥근 암석 조각들이 느슨하게 자연적으로 모여 있는 퇴적물.

자갈질 빙하 퇴적물(Gravel Till): 빙하의 이동 중에 퇴적된 굵은 입자로 구성된 혼합물로, 빙하가 후퇴하면서 남겨진 자갈 크기의 입자가 주를 이루는 빙하 퇴적물.

장석(Feldspar): 지각에서 가장 흔하게 존재하며, 나트륨, 칼슘 또는 바륨이 함유된 알루미늄 규산염으로 구성된 단단한 결정질 광물군.

전기전도도(Electrical Conductivity, EC): 물 또는 토양용액을 통해 전기가 흐르는 능력으로, 일반적으로 용액에 녹아 있는 염류 함량을 추정하는 데 사용됨.

전용적밀도(Bulk Density): 토양시료의 단위 부피당 건조중량. 토양의 부피(용적)는 고상의 부피뿐만 아니라 공극까지 포함한 시료의 전체 부피를 의미함.

전이 광물(Transitional Minerals): 일라이트(illite)와 스멕타이트(smectite) 또는 버미큘라이트(vermiculite) 사이에 위치하며, 칼륨(K) 함량, 층간 팽창성, 흡착능, K^+와 결합 시의 수축성(contractibility) 등이 모두 일라이트와 스멕타이트/버미큘라이트의 중간적인 특성을 나타내는 점토광물임.

절지동물(Arthropods): 곤충류(개미), 갑각류(쥐며느리), 거미류(거미), 다지류(지네) 등 관절이 있는 다리와 외골격을 가진 무척추동물.

점토(Clay): 지름이 0.002 mm(2 μm) 이하인 토양 입자로 이 중 1 μm 이하인 입자를 토양 콜로이드라 함. 높은 비표면적으로 인해 주로 토양 콜로이드 성질 및 토양 구조의 안정성에 영향을 미침. 마르거나 젖은 상태 모두 안정도가 뛰어남. 토성 등급으로 식토로 정의될 때, 40% 이상의 점토, 45% 미만의 모래, 40% 미만의 미사를 포함함.

점토광물(Clay Minerals): 점토를 구성하는 광물. 예로는 몬모릴로나이트, 스멕타이트 및 카올리나이트 등이 있음.

점토 응집(Clay Flocculation): 점토 입자들이 작은 덩어리나 응집체 형태로 응집·뭉침되는 현상.

조경 설계(Landscape Design): 조경의 미적 가치, 활용성 및 지속 가능성을 향상하기 위해 식물, 경관 요소, 수경 요소 및 기타 디자인 요소를 통합하여 실외 공간을 창조하고 배열하는 예술이자 실천 행위.

중금속(Heavy Metals): 납, 카드뮴, 수은, 비소 및 크롬과 같은 원소로, 토양에 자연적으로 존재하거나 산업 오염, 광업 및 농업과 같은 인간 활동을 통해 유입될 수 있음. 높은 농도의 중금속은 토양 건강과 식물 생장에 악영향을 미칠 수 있으며, 인간 및 환경 건강에 위험을 초래할 수 있음.

지하수(Groundwater): 지표 아래에 존재하는 물로, 대기압과 같거나 더 높은 압력 상태에 있는 물.

지하수위(Groundwater Table, Water Table): 지하수의 상부 표면, 즉 지하에서 물의 압력이 대기압과 동일한 지점.

철 산화물(Fe Oxides): 적철광(hematite)이나 자철광(magnetite)과 같은 철과 산소로 이루어진 광물로, 다양한 암석과 토양에서 흔히 발견됨.

총용존고형물(Total Dissolved Solids, TDS): 물에 용해되어 있는 고체 성분의 총량, 또는 물에 녹아 있는 염류의 총량.

층위(Horizon): 토양 단면에서 유사한 특성이나 물질을 가진 단일 층으로, 토양 단면에서 위아래 인접 층위와 최소 하나의 특성(예: 색상 또는 질감)이 다른 층. 우세한 토양 특성이나 물질이 층위의 이름을 정의하는 층위를 진단층위라 함. 예: 석고층(Gypsic horizon)은 석고($CaSO_4$)가 풍부하게 축적된 층.

침식(Erosion): 물, 바람, 얼음, 중력 또는 기타 자연적 혹은 인위적 요인에 의해 지표면이 마모되고 토양 입자나 암석 물질이 떨어져 나가 다른 지점으로 운반되는 현상. 여기에는 중력에 의한 이동과 경운 침식도 포함됨.

침투(Infiltration): 토양 표면에 도달한 물이 하강하여 토양 내로 진입하는 과정.

카올리나이트(Kaolinite): 1:1 구조의 층상 규산염 점토로, 습윤 및 건조에 대한 반응성과 양분 보유력이 낮음.

콜로이드(Colloid): 지름이 0.1~0.001 μm인 전하를 띤 입자와 화합물. 점토와 토양 부식은 입자 크기가 콜로이드 범위에 해당하거나 근접하기 때문에 일반적으로 토양 콜로이드라고 불림. 이들은 토양 내에서 가장 화학적으로 활발한 성분이며, 양분 흡수와 보유, 이온 교환, 수분 유지 등에서 중요한 역할을 함. 또한 물 분자가 극성을 띠고 있기 때문에, 콜로이드는 물과 쉽게 결합하거나 끌어당기는 성질을 가지고 있어 식물 영양 공급에 깊이 관여함.

클로라이트(Chlorite): 2:1:1 구조를 가진 비 팽창성 규산염 점토광물로, 네 번째 층이 2:1 층 사이를 연결함.

키아나이트(Kyanite): 길쭉한 결정으로 나타나는 청색 변성 광물로, 높은 내열성과 내화물에 사용되는 특징이 있음.

토성(Soil Texture): 토양 내 모래, 미사, 점토의 비율(중량 %)로 결정되는 토양의 특성. 모래, 미사, 점토 함량은 현장에서 추정하거나 실험실에서 정량한 후 토성 삼각도를 이용하여 토성을 결정함. 토성은 모래 입자가 우세한 거친 토성, 미사 입자가 우세한 중간 토성 또는 점토 입자가 우세한 고운 토성으로 분류할 수 있음.

토양 개량제(Soil Amendment): 석고, 석회, 비료, 톱밥 등 토양 특성을 변화시키기 위해 토양에 추가하는 모든 물질.

토양 건강(Soil Health): 토양 시스템의 전반적인 상태와 기능성을 나타내며, 물리적, 화학적, 생물학적 특성뿐만 아니라 식물과 동물의 생명을 유지하고, 생태계 기능을 유지하며, 생산적이고 지속 가능한 농업을 지원할 수 있는 능력을 포함함. 이는 토양 유기물 함량, 양분 유효도, 보수력, 토양 구조 등 토양의 비옥도, 복원력, 장기 생산성에 이바지하는 여러 요소 간의 균형과 상호작용을 반영함.

토양 공극률(Soil Porosity): 토양이 보유할 수 있는 물과 공기의 부피로, 공극 부피와 토양 전체 부피의 비율임.

토양 관리(Soil Management): 작물 생산을 위해 토양에서 수행하거나 토양에 적용하는 모든 작업(경운, 작물 재배 방식, 비료 및 석회 시용, 그 외 토양 처리 방법 등)의 조합을 의미함.

토양 구조(Soil Structure): 기본적인 토양 입자들이 이차적인 단위 또는 토양 덩어리(peds)로 결합하거나 배열된 형태를 말함. 토양 구조를 설명할 때는 크기, 형태, 등급과 같은 요소들이 사용됨.

토양 균열(Soil Cracks): 수평 방향(수 mm~수 cm) 또는 수직 방향(수 cm~수 m)으로 발생하는 틈새로, 주로 팽창과 수축 과정에서 생겨나며 토양의 수리적 특성에 큰 영향을 미침. 점토 함량이 높은 토양은 양토보다 균열이 더 잘 발생하며, 사질토에서는 균열이 거의 생기지 않거나 생겨도 매우 작고 불안정한 형태로 나타남. 한편 토양 경작, 특히 경운은 기존의 균열 구조를 파괴하여 토양의 물리적 구조와 수분 이동에 영향을 줄 수 있음.

토양 깊이/토심(Soil Depth): 토양 표면에서 모재나 암반, 또는 뿌리가 뻗을 수 없는 층까지의 깊이. 토양 유형에 따라 크게 다름. 이는 토양분류에 사용하는 기본 기준 중 하나임. 토양 깊이는 매우 얕음(25 cm 미만), 얕음(25~50 cm), 중간(50~90 cm), 깊음(90~150 cm), 매우 깊음(150 cm 이상)으로 나뉨.

토양 다짐(Soil Compaction): 토양 입자나 입단 사이의 공극 부피가 감소하여 토양의 성질이 변화하는 과정. 이는 토양의 용적밀도 증가로 나타나며, 심하게 다져진 토양은 사실상 불투수층이 될 수 있음. 일부 토양은 자연적으로 다져짐(예: 매우 입자가 고운, 무거운 토성을 가진 토양). 인위적인 다짐은 중장비의 반복적인 통행이나 과도한 토양 경작으로 인해 발생함.

토양 단면(Soil Profile): 단일 토양 유형에 대해 일반적인 토양층의 배열을 나타내는 상부층부터 모재까지 토양의 수직 단면. 토양 분류의 기초로 사용됨.

토양 모니터링(Soil Monitoring): 토양 상태 변화를 연구하기 위해 선택된 토양 특성과 기능을 반복적으로 관찰하고 측정함.

토양 미생물(Soil Microorganisms): 원생동물, 바이러스, 박테리아, 곰팡이, 조류로 대표되며, 가장 흔한 것은 박테리아와 곰팡이임. 수분 및 양분 함량, 온도 등 조건에 따라 활성 상태 또는 비활성 상태일 수 있으며, 양분 및 산소 요구에 따라 독립영양/종속영양 및 호기성/혐기성 그룹으로 나눌 수 있음. 미생물은 토양 상태와 토양 질의 좋은 지표임.

토양 보전(Soil Conservation): 자연 또는 인간에 의해 발생하는 토양의 고갈이나 악화로부터 토양을 보호하기 위한 모든 관리 및 토지 이용 방법의 결합을 의미함.

토양 보호(Protection of Soil): 토양과 토양 특성 보존을 위하여 의식적으로 수행되는 과정, 개인, 지역, 국가, 대륙 차원에서 실행됨. 이 과정은 토양 연구를 통해 얻어진 정보를 기반으로 하며, 그 결과 지속가능성이 실현됨.

토양 분류(Soil Classification): 토양을 유사하거나 비교 가능한 토양 생성 특성에 따라 토양 형태학적 단위나 토양 유형으로 분류하는 과학적 학문 분야임. 여러 나라가 국가 토양 분류 시스템을 가지고 있지만, FAO, WRB, USDA 시스템이 국제적으로 사용됨. 국가 간 비교를 위해 대부분의 국가 시스템을 번역할 수 있는 국제 토양 분류 시스템이 필요하며, 미래에는 WRB가 그 역할을 할 것임.

토양 비옥도(Soil Fertility): 토양이 식물 생장에 필요한 원소(영양분)를 공급할 수 있는 능력.

토양 색(Soil Color): 토양 상태의 지표 중 하나로, 주로 부식과 철 산화물의 양과 유형, 토양 공극 내 공기와 물의 양에 따라 다름. 일반적으로 어두운 토양은 부식 함량이 높고, 회색 토양은 수분이 많은 상태이거나 무산소 상태이며, 갈색 토양은 잘 배수되고 통기성이 좋은 토양임. 토양 색은 먼셀 토양 색 명명 시스템을 사용하여 측정함.

토양 생성(Pedogenesis): 기후(주로 온도와 강수량), 모재, 생물(식물과 생물), 지형, 시간, 물, 인간과 같은 토양 형성 요인에 의해 토양이 형성되고 발달하는 과정.

토양 염류농도(Soil Salinity): 토양 내 염분 함량을 의미하며, 자연적 요인과 과정(모재, 높은 증발산, 배수 불량, 해수 침투 등) 또는 인위적 요인(비료 사용, 관개, 제설제 등)으로 인해 발생할 수 있음.

토양 오염(Soil Contamination): 토양 내 독성 화학 물질(오염 물질)이 존재하며, 그 농도가 충분히 높아 인간 건강 및/또는 생태계에 위험을 초래할 수 있는 상태를 의미함.

토양 입자 분류(Soil Separates): 직경이 2.0 mm 미만인 무기질 토양 입자로, 크기 범위에 따라 세분되는 것. 미국 농무부(USDA) 분류: 극조사(2.0 ~ 1.0 mm), 조사(1.0 ~ 0.5 mm), 중간사(0.5 ~ 0.25 mm), 세사(0.25 ~ 0.10 mm), 극세사(0.10 ~ 0.05 mm); 미사(0.05 ~ 0.002 mm); 점토(< 0.002 mm)). 국제토양학회(ISSS) 분류: 조사(2.0 ~ 0.2 mm), 세사(0.2 ~ 0.02 mm); 미사(0.02 ~ 0.002 mm); 점토(< 0.002 mm).

토양 조사(Soil Survey): 토양 식별, 분류, 지도 작성, 과학적 및 실용적 설명, 평가 및 해석.

토양 질(Soil Quality): 토양의 기능을 수행할 수 있는 능력으로, 고유한 특성(토양 광물 구성과 토성)과 환경과 관리에 따라 달라지는 특성(표토 두께, 유기물 및 부식 함량, 토양 구조, 용적 밀도, pH)을 포함함.

토양 통기(Soil aeration): 토양 내 공기가 대기공기와 교환되는 것으로 통기성이 불량하면 토양의 산소농도가 낮음. 토양 공극의 양은 전체 공극량과 토양 수분의 부피 차이로 표현됨. 토양공극의 80~90% 이상이 물로 채워지면 식물생육에 영향을 줄 정도로 공기갱신이 어려워짐. 최적의 토양 통기는 30%이지만, 토양 입자의 구조와 입자 배열 상태에 크게 좌우된다. 15~20%는 일반적으로 잔디와 곡물의 생장을 위해 적합하며, 10% 이하는 식물 생장에 좋지 않음.

토양 화학(Soil Chemistry): 토양의 화학적 특성을 다루는 과학 분야로, 토양에 투입된 비료, 농약 및 기타 화학 물질이 토양의 거동과 비옥도에 미치는 영향을 연구함.

토양 황폐화(Soil Degradation): 인간의 활동(부적절한 토양 이용 및 경작 방식, 건축 등)에 의해 종종 가속화되는 부정적인 과정으로, 토양의 특성과 기능이 저하되거나 토양 자체가 파괴되는 것을 말함. 토양 다짐, 침식, 염류화 등이 이에 해당함.

토양 흡착(Soil Sorption): < 0.002 mm(2 μm) 크기의 토양 입자에서 발생하는 선택적 과정임. 이 미세한 입자들은 콜로이드 성질을 가지며 이온, 물, 또는 기체를 보유하고 교환할 수 있음.

퇴비(Compost): 비료 성분이 있는 낙엽, 짚류 등의 재료를 퇴적하여 거름으로 사용할 수 있도록 잘 썩힌 유기물.

토양 pH 또는 반응(Soil pH or Reaction): 토양의 산성도 또는 알칼리도를 나타내는 지표로 pH 값으로 나타냄.

투과성(Permeability): 기체, 액체, 또는 식물의 뿌리가 토양 덩어리나 특정 토양층을 통과하거나 침투하는 정도.

팽창과 수축(Swelling and Shrinking): 토양 부피 변화의 두 가지 상반되는 과정으로. 팽창은 토양 부피의 증가를 의미하며, 수축은 토양 부피의 감소를 의미함. 이러한 과정은 실제 수분 함량과 점토광물의 존재 여부에 의해 영향을 받으며, 점토광물은 층간 공간에서 물을 흡수하거나 방출할 수 있는 특성이 있어 토양의 부피 변화에 큰 영향을 줌. 토양 부피의 변화율은 점토의 질과 양에 따라 5%에서 100% 이상까지 다양할 수 있음.

편암(Schist): 엽리 구조(foliated texture)를 가지며, 운모(mica), 석영(quartz), 장석(feldspar) 등으로 구성된 변성암.

포장용수량(Field Capacity): 관개 또는 강우로 토양이 물로 포화된 후 24~72시간이 지나면 대공극의 물은 중력에 의해 다 빠지지만 소공극의 물은 그대로 남아 있게 되는데 이때의 토양수분함량을 말함. 포장용수량에서의 매트릭 포텐셜은 토양 유형에 따라 다르나 -10~-30 kPa에서 유지되는 수분 함량이며 식물 유효 수분의 상한선임.

표토(Topsoil/Surface soil): 토양 표면의 층. (i) 표면 토양층(A)은 경작되면 변화가 생기며, 이때 Ap로 표시함. (ii) 도로변, 정원, 잔디밭을 덮기 위해 사용되는 비옥한 토양 물질.

풍화작용(Weathering): 생물학적, 화학적, 물리적 요인 또는 이들의 조합에 의해 지표면 근처에서 암석과 퇴적물이 분해되고 변하는 과정.

혐기성(Anaerobic): 토양 내 공기 또는 산소가 없는 조건.

호기성(Aerobic): 토양 내 공기 또는 산소가 존재하는 조건.

황화물(Sulfides): 황과 하나 이상의 금속이 결합한 광물로, 황철석(FeS)이나 방연석(PbS)과 같은 광물이 이에 해당함.

휘석(Pyroxene): 독특한 프리즘(기둥) 모양의 결정 형태를 가진 암석 형성 규산염 광물군으로, 화성암과 변성암에서 흔히 발견됨.

흡수(Absorption): 물질이 에너지나 다른 물질을 내부로 빨아들이는 과정.

흡착(Adsorption): 화학적 또는 물리적 결합으로 원자, 분자, 이온이 고체 표면에 유지되는 과정으로 토양용액 중의 물질이 토양 입자 표면에 모이는 현상.

부록 5: 텃밭 토양관리

여기서는 텃밭 토양관리에 필요한 내용 중 i) 채소 재배에 필요한 환경 특성, ii) 흙토람을 이용한 밭토양 비료 사용 처방서 사용 이해, iii) 채소 재배에 적합한 토양 조건을 차례로 다룬다. 주요 내용은 채소토양관리(농촌진흥청, 2019), 흙토람(농촌진흥청, 2023), 작물별 비료 사용 처방(농촌진흥청, 2022), 고구마 재배(농촌진흥청, 2013)에서 발췌하였음을 밝힌다.

I. 채소 재배에 필요한 환경 특성

1. 광(햇빛)

채소는 햇빛에 대한 적응성에 따라 호광성 채소, 반호음성 채소, 호음성 채소로 구분한다.

1) 호광성 채소

수박, 참외 등 박과채소, 콩과채소, 고추, 가지 등 가지과채소, 옥수수 등 벼과채소, 양배추 등 십자화과채소, 그리고 고구마, 감자, 당근 이외에 대부분의 열매채소가 이에 속한다.

2) 호음성 채소

반일 정도의 그늘을 견디는 채소로는 토란, 생강, 파, 마늘, 아스파라거스, 상추와 같은 비결구형 엽채류가 있으며, 또한 반일 정도의 그늘을 오히려 선호하는 채소로는 머위, 부추 등이 있다.

2. 온도

온도 적응성에 따라 비교적 높은 온도 조건에서 생육이 잘 되는 채소를 호온성 채소, 서늘한 기후 조건에서 잘 자라는 것을 호냉성 채소로 구분한다. 채소의 온도 적응성으로 재배 적지, 재배에 적당한 계절과 시설재배 등에 있어 적합한 품종 선택에 필요한 정보를 얻을 수 있다.

1) 호온성 채소

고추, 토마토, 참외, 수박, 멜론 등 열매채소 대부분이 이에 속한다. 열매채소 중 예외적으로 잠두, 완두, 딸기 등은 호냉성 채소이다.

2) 호냉성 채소

무, 배추, 상추, 감자 등과 같이 잎, 줄기, 뿌리 등 영양기관을 이용하는 채소는 대부분 이에 속한다. 그러나 고구마, 토란, 마 등은 예외적으로 호온성 채소이다.

3. 수분

채소는 대체로 수분 요구도가 크다. 그리고 식물체에 수분 함량도 많은 편으로 60~95%에 이른다. 따라서 토양수분 관리를 잘해야 원활한 생육을 할 수 있고, 수분이 약간만 부족해도 광합성의 저하, 수량 감소, 품질 저하 등의 장해가 일어난다. 미나리, 연근, 고추냉이와 같이 물속에서 잘 자라는 것이 있고, 상추, 당근, 파, 토란, 생강, 완두, 머위, 딸기 등은 토양수분이 많아야 하나, 대부분의 채소는 수분이 적당한 조건에서 잘 자란다.

채소는 생육단계에 따라 적정 토양수분이 다른데, 생육 초기, 개화기, 결구기에는 충분한 수분이 필요하다. 그러나 생육 중기에 토양수분이 너무 많으면 작물이 웃자라 병에 대한 저항력이 떨어지고 과실의 품질에도 나쁜 영향을 준다. 멜론, 수박, 토마토 등과 같은 열매채소는 과실의 당도를 높이기 위하여 과실의 성숙 과정에 큰 지장이 없는 범위에서 건조하게 관리하는 재배법이 일반화되어 있다.

4. 양분

작물이 생육과 대사 과정에 필요한 물질을 흡수하고 이용하는 현상을 식물영양이라 하고, 이에 필요한 물질을 양분(영양소, 원소)이라고 한다. 양분 중 i) 해당 원소가 결핍되었을 때 작물이 생명현상을 유지할 수 없고 ii) 해당 원소가 가지는 특이적인 고유의 기능이 있어야 하며, iii) 해당 원소는 작물의 대사 과정에 직접적으로 관여하여야 하고, iv) 해당 원소의 필수성이 모든 작물에 공통적이어야 한다는 요건을 모두 충족시키는 원소를 필수원소라 하는데 산소, 탄소, 수소, 질소, 인, 칼륨, 칼슘, 마그네슘, 황, 구리, 철, 망간, 아연, 붕소, 몰리브덴, 염소, 니켈 총 17가지 원소가 이에 해당한다. 이 중 질소, 인, 칼륨, 칼슘, 마그네슘, 황 총 6가지를 다량원소라 하고, 구리, 철, 망간, 아연, 붕소, 몰리브덴, 염소, 니켈 총 8가지를 미량원소라 한다. **표 I–1, I–2**에 다량원소와 미량원소의 흡수 형태, 주요 역할, 결핍증상, 과다증상을 각각 정리하였다.

표 I-1 다량원소의 특성

원소	흡수 형태	주요 역할	결핍 증상	과다 증상
질소(N)	NO_3^-, NH_4^+	단백질 · 엽록소 · 핵산 구성	잎 황화, 생장 저해	잎이 짙고 병해 증가
인(P)	$H_2PO_4^-$, HPO_4^{2-}	ATP · DNA/RNA 구성	생장 지연, 잎 자주색 화	Fe · Zn · Cu 등 흡수 저해
칼륨(K)	K^+	효소 활성, 수분 조절, 내병성 증대	잎 가장자리 황화, 생장 저해	Mg 흡수 저해
칼슘(Ca)	Ca^{2+}	세포벽 구성, 세포분열	어린 조직 괴사, 잎끝 말림	Mg · K 흡수 저해
마그네슘(Mg)	Mg^{2+}	엽록소 중심 원자, 당도 결정	엽맥 사이 황화	Ca 흡수 저해
황(S)	SO_4^{2-}	아미노산 · 단백질 구성	어린잎 황화	드물게 독성

표 I-2 미량원소의 특성

원소	흡수 형태	주요 역할	결핍 증상	과다 증상
철(Fe)	Fe^{2+}, Fe^{3+}	엽록소 합성 · 전자 전달	엽맥 사이 황화	인산 흡수 방해
망간(Mn)	Mn^{2+}	광합성 · 효소 활성	엽맥 사이 황화 · 반점	잎에 흑갈색 반점
아연(Zn)	Zn^{2+}	DNA 전사 · 효소 구성	엽맥 사이 황화, 잎 작아짐	Fe 흡수 저해
구리(Cu)	Cu^{2+}	효소 구성 · 광합성	잎 말림 · 황화	Fe 흡수 저해
붕소(B)	H_3BO_3	세포벽 형성 · 분열	생장점 괴사, 꽃 · 열매 형성 저해	잎끝 괴사
몰리브덴(Mo)	MoO_4^{2-}	질산 환원 효소	엽맥 사이 황화, 생장 저해	드물게 독성
염소(Cl)	Cl^-	삼투압 조절, 광합성	잎 황화 · 작아짐	엽록소 파괴, 뿌리 생장 저해
니켈(Ni)	Ni^{2+}	요소 분해 효소	잎끝 마름 · 황화	Fe 흡수 저해

5. 토양

1) 토성

토성은 모래, 미사, 점토의 함량에 따라 구분되는 토양 특성으로 양분을 지니면서 공급하는 능력뿐만 아니라 보수성, 배수성, 통기성, 경운의 난이 등 식물 생육과 가장 밀접하게 관계되는 매우 중요한 토양의 기본적인 성질이다(**표 I–3**).

표 I–3 토성별 이화학적 특징

토성	경운의 난이도	통기성	배수성	보수력	보비력
사질	쉬움	큼	큼	작음	작음
양질	쉬움	중간	중간	중간	중간
식양질	어려움	작음	매우 작음	큼	큼

채소 재배는 하천 유역의 충적토 지대에서 발달했는데 토양입자가 미세하고 유기질이 많은 큰 강의 하류 지대에는 저장용의 양파, 마늘, 감자 등이 재배되었고 중류의 양토지대에서는 배추와 수박, 상류의 사양토 지대에서는 무, 당근, 파 등의 재배 적지로 되어 있다.

일반적으로 관수의 편의성이 보장되는 사질양토가 채소 재배 적지에 해당한다. 사질토양은 토양을 다루기가 쉬우므로 파종, 정식, 제초, 관수 등의 각종 작업이 쉬운 장점이 있으며, 이는 잔손질을 많이 요구되는 채소 재배에 있어서 매우 유리한 점이다. 또한 사질토양은 식질 토양보다 지온이 빨리 높아지므로 봄 채소의 생육이 촉진되고 수확이 빨라진다.

이처럼 사질토양에서는 채소의 생육이 왕성하고 수량도 증가한다. 그러나 생육이 빠른 만큼 조직이 치밀하지 못하고 함유 성분의 농도가 낮아 맛과 향이 약하고 추대, 노숙현상이 속히 일어나며 저장에 약하고 병해, 한해, 상해에 대한 저항력도 약하다. 사질토양과 점질(식질)토양이 채소의 생육 및 품질에 주는 장단점을 요약해 보면 **표 I–4**와 같다. **표 I–5**는 사질 및 식질 토양에서 채소 재배 시 나타나는 문제점을 작물별로 보여준다.

표 I-4 사질 및 식질 토양이 채소의 생육 및 품질에 미치는 영향

토성	장점	단점
사질	1. 생육이 빠르고 수확기도 빠르다. 2. 생육이 왕성하다. 3. 모양이 좋은 근채류가 생산된다.	1. 수확기에 양분이 결핍되기 쉽다. 2. 조직이 거칠고 성분 농도가 낮다. 3. 저장성이 약하다.
식질	1. 성숙이 늦으며 저장성이 강하다. 2. 조직이 치밀하고 성분 농도가 높다.	1. 초기생육이 느리고 수확기가 늦다. 2. 근채류는 모양이 나쁠 수 있다.

표 I-5 사질 및 식질 토양에서 재배한 채소의 문제점

채소	사질	식질
배추	조기재배에 적당하지만, 병해, 동해, 한해를 입기 쉽고 노쇠하기도 쉽다.	병해, 동해, 한해 등에 저항이 강하고, 결구가 늦으며 추대가 늦다.
무	잔뿌리와 지근이 적은 큰 무가 생산되나 바람들이가 되기 쉽고 저장력이 약하다.	잔뿌리가 많고, 지근이 잘 생겨서 큰 무가 되기 어렵다. 외관이 좋지 않으나 조직이 치밀하여 저장력이 강하다.
우엉	크고 외관이 좋으나 외피가 쉽게 노쇠하고 바람이 잘 들며 향기가 적다.	모양이 고르지 않으나 육질이 좋고 향기가 있다. 바람들이가 늦다.
양파	수확기가 빠르다. 인경이 옆으로 퍼지고 굵다. 인편의 짜임새가 허술하고 외피가 얇으며 저장력이 약하다.	수확기가 늦어지기 쉽고, 알이 작으며, 위로 솟아 있다. 인편이 치밀하고 외피가 두껍고 저장력이 강하다.
마늘	병해가 많고 통의 짜임새가 허술하며 외피가 얇다.	병해가 적고, 통의 짜임새가 치밀하며, 외피가 두껍다.
수박	수확이 빠르다. 통은 크고 과육의 질이 허술하여 수송, 판매 중 살이 무르기 쉽다.	수확이 늦고 통이 작다. 과육이 질이 치밀하여 수송이나 유통 과정 중 무름이 적다.
딸기	빨리 수확할 수 있으며, 과실이 크고 과육이 무르고 꽃수와 비교해 자라는 과실의 숫자가 적다.	수확이 늦고, 과실은 작으나 과육의 질은 좋다. 수송에 잘 견디며 착화수가 많다.

2) pH

우리나라에는 산성 토양이 많은데, 토양 pH에 따른 채소의 생육 반응은 작물의 종류나 품종에 따라 다르지만 적당한 토양 pH는 약산성인 6.0~6.5 범위인 것이 많다. 채소의 생육한계 pH는 최저 4.5에서 최고 7.5 정도에 분포하고 있는데, 감자, 토란, 딸기, 수박, 20일 무 등은 산성 토양에 강하지만, 시금치, 완두, 부추, 양파, 아스파라거스 등은 매우 민감하다(**표 I-6**).

표 I-6 채소 종류별 적정 토양산도(pH)

PH	대상 채소
6.5~7.5	완두, 시금치
6.0~6.5	오크라, 호박, 우엉, 수박, 오이, 토마토, 잠두, 가지, 피망, 고추, 멜론, 완두, 아스파라거스, 콜리플라워, 쑥갓, 셀러리, 부추, 대파, 배추, 파슬리, 브로콜리, 상추, 양배추, 마늘, 참외, 무, 당근, 고구마
5.5~6.5	딸기, 양파, 머위, 연근, 토란
5.5~6.0	염교, 생강
5.0~6.0	감자

3) 염 농도

토양 내 염류 농도가 높으면 작물의 뿌리가 잘 자라지 못하게 되는데, 무, 양배추, 시금치, 아스파라거스 등은 비교적 염류에 강하지만, 딸기, 상추, 새싹 채소는 염류에 매우 약하다(**표 I-7**).

표 I-7 채소의 염류 적응성

강함 ($ECe_{1:5}$* 1.2~2.4 dS m^{-1})	중간 (1.0~1.2 dS m^{-1})	약함 (0.4~0.6 dS m^{-1})	매우 약함 (<0.4 dS m^{-1})
무, 케일, 양배추, 꽃양배추, 시금치, 차이브, 아스파라거스	고추, 토마토, 당근, 파, 양파, 오이, 완두, 피망, 셀러리	딸기, 순무, 콩, 상추	새싹 채소

*ECe(포화추출액의 전기전도도) = $EC_{1:5}$ × 5

$EC_{1:5}$란 토양:증류수 = 1:5(중량비) 추출액의 전기전도도

II. 밭토양 비료 사용 처방서 사용 이해

우리나라의 토양환경정보시스템(https://soil.rda.go.kr)은 농촌진흥청에서 생산, 배포하고 있는 방대한 토양 및 농업환경정보 데이터베이스와 수십 년 동안의 조사·연구 경험을 집대성한 한국의 토양환경정보 포털로서, 농사를 짓고자 할 때 토양 특성에 맞는 작물을 재배할 수 있도록 토양정보를 제공하고, 알맞은 비료량을 추천해 주는 누구나 쉽게 이용할 수 있는 인터넷 시스템이다. "흙토람"은 토양환경정보 시스템의 브랜드명으로 "토양의 정보를 열람한다"라는 의미가 있다. 토양환경정보 시스템은 작물별 토양적성도, 농경지 화학성, 토양 특성, 정밀농업기후도, 생물상 분포, 농업환경변동정보 등을 인터넷을 통하여 제공함으로써 영농인, 정책담당자, 연구자, 일반 국민 등 다양한 수요자들이 쉽게 활용할 수 있도록 보급하고, 농업환경의 보전, 농산물 안전 생산의 전국적인 기반을 구축함을 목적으로 하고 있다.

여기서는 수치토양도와 농지원부, 지적도를 연계하여 필지별 토양 특성 정보를 바탕으로 작물별로 생육에 알맞은 비료량을 추천하는 비료 사용 처방서 사용 방법을 알아본다.

1. 작물별 재배에 적합한 토양 특성

농작물 경작 시 고려해야 할 토양 특성에는 형태(지형, 경사), 물리성(토성, 유효토심, 배수성 등)과 화학성(pH, 유기물, 유효인산, 치환성양이온, 양이온교환용량, 전기전도도 등)이 있다. **표 II-1, II-2**에 예를 들어 고추 재배에 적합한 토양 형태, 토양 물리성, 토양 화학성을 각각 수록하였다.

표 II-1 고추 재배에 적합한 토양 형태 및 물리성

지형	경사	토성	유효토심	배수성
평탄지~산록 경사지	0~7%	사양토~식양토	100 cm	양호~약간 양호 (보수력 있는 곳)

표 II-2 고추 재배에 적합한 토양 화학성

pH 산도 (1:5)	OM 유기물 (g/kg)	Av.P_2O_5 유효인산 (mg/kg)	Ex. cation(cmolc/kg) 치환성양이온			CEC 양이온 교환용량 (cmolc/kg)	ECe 전기전도도 (dS/m)	NO_3-N※ 질산태질소 (mg/kg)
			K 칼륨	Ca 칼슘	Mg 마그네슘			
6.0~6.5	25~35	450~550	0.70~ 0.80	5.0~ 6.0	1.5~ 2.0	10~15	2 이하	70~200

2. 흙토람을 이용한 비료 사용 처방서 발급

흙토람을 이용한 비료 사용 처방서 발급을 위해서는 대상지의 주소, 재배하고자 하는 작물, 토양의 이화학적 특성 분석 결과가 필요하다. **표 II-3**과 같은 화학성을 가진 서울특별시 양천구 신월동 산 174-1번지(면적: 4,200 m²)에서 노지고추를 재배하는데 필요한 비료 사용 처방서(**표 II-4**)를 흙토람을 이용하여 구하였다.

표 II-3 흙토람을 이용한 비료 사용 처방서 발급 대상지의 토양 화학성

pH 산도 (1:5)	OM 유기물 (g/kg)	Av.P_2O_5 유효인산 (mg/kg)	Ex. cation(cmolc/kg) 치환성양이온			CEC 양이온 교환용량 (cmolc/kg)	ECe 전기전도도 (dS/m)	NO_3-N※ 질산태질소 (mg/kg)
			K 칼륨	Ca 칼슘	Mg 마그네슘			
6.8	30	836	0.83	9.9	2.1	13	0.8	100

표 II-4 비료 사용 처방서

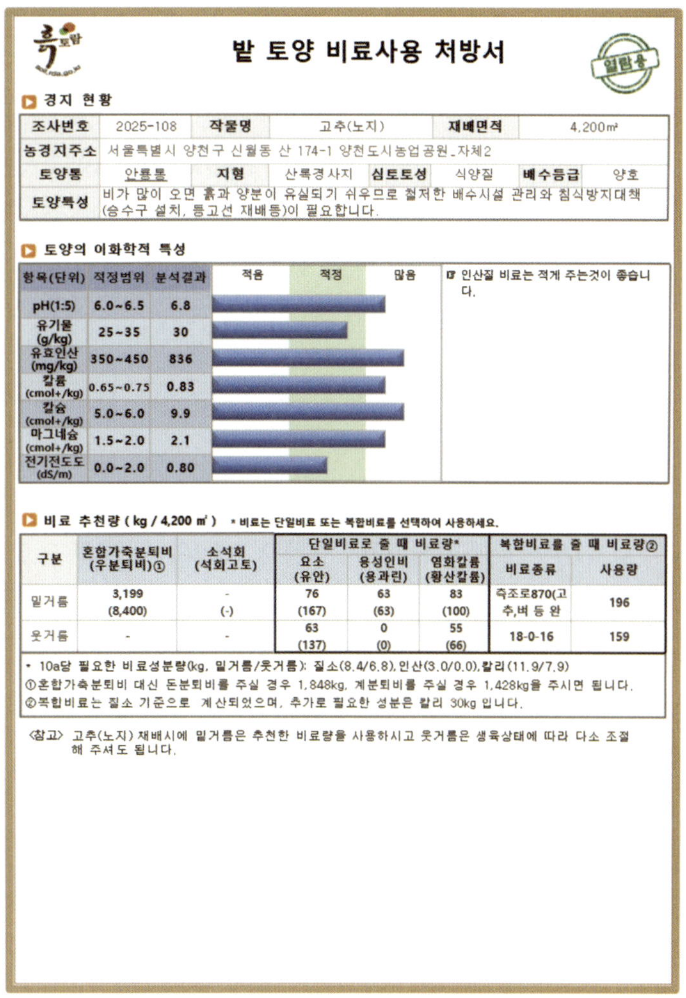

밭 토양 비료사용 처방서

열람용

경지 현황

조사번호	2025-108	작물명	고추(노지)	재배면적	4,200㎡
농경지주소	서울특별시 양천구 신월동 산 174-1 양천도시농업공원_자체2				
토양통	안룡통	지형	산록경사지	심토토성	식양질
배수등급	양호				
토양특성	비가 많이 오면 흙과 양분이 유실되기 쉬우므로 철저한 배수시설 관리와 침식방지대책(승수구 설치, 등고선 재배등)이 필요합니다.				

토양의 이화학적 특성

항목(단위)	적정범위	분석결과
pH(1:5)	6.0~6.5	6.8
유기물 (g/kg)	25~35	30
유효인산 (mg/kg)	350~450	836
칼륨 (cmol+/kg)	0.65~0.75	0.83
칼슘 (cmol+/kg)	5.0~6.0	9.9
마그네슘 (cmol+/kg)	1.5~2.0	2.1
전기전도도 (dS/m)	0.0~2.0	0.80

적음 적정 많음

☞ 인산질 비료는 적게 주는것이 좋습니다.

비료 추천량 (kg / 4,200 ㎡) * 비료는 단일비료 또는 복합비료를 선택하여 사용하세요.

구분	혼합가축분퇴비 (우분퇴비)①	소석회 (석회고토)	단일비료로 줄 때 비료량*			복합비료를 줄 때 비료량②	
			요소 (유안)	용성인비 (용과린)	염화칼륨 (황산칼륨)	비료종류	사용량
밑거름	3,199 (8,400)	- (-)	76 (167)	63 (63)	83 (100)	즉조로870(고추,벼 등 완	196
웃거름	-	-	63 (137)	0 (0)	55 (66)	18-0-16	159

* 10a당 필요한 비료성분량(kg, 밑거름/웃거름): 질소(8.4/6.8), 인산(3.0/0.0), 칼리(11.9/7.9)

①혼합가축분퇴비 대신 돈분퇴비를 주실 경우 1,848kg, 계분퇴비를 주실 경우 1,428kg을 주시면 됩니다.

②복합비료는 질소 기준으로 계산되었으며, 추가로 필요한 성분은 칼리 30kg 입니다.

<참고> 고추(노지) 재배시에 밑거름은 추천한 비료량을 사용하시고 웃거름은 생육상태에 따라 다소 조절해 주셔도 됩니다.

1) 토양통, 지형, 심토 토성, 배수 등급

토양통은 토양분류의 6단계(목-아목-대군-아군-속-통) 중 가장 아래 단계로 우리나라에는 2025년 6월 기준으로 405개의 토양통이 있다. 안룡통은 화강암 붕적층 모재의 산록 경사지에서 발달하며, 주된 경사는 7~15%이다. 안룡통의 배수는 양호하며, 투수성은 약간 느리다. 유거는 보통이며 경사와 토지이용에 따라 다르다. 이 토양의 심토 토성은 자갈 또는 잔돌이 있는 식양토이다.

2) 토양의 화학적 특성

비료사용 처방서 작성을 위하여 입력한 이 토양의 화학성은 표 II-3에 있다. 이 토양의 pH는 6.8로 고추 재배 적정 pH 6.0~6.5보다 조금 높았다. 이 때문에 석회 시용은 고려하지 않았다. 이 토양의 유기물 함량은 적정범위였다. 한편, 이 토양의 유효인산은 적정범위보다 훨씬 높으므로 인산질 비료를 적게 주도록 처방이 되었다. 이 토양의 교환성 칼륨, 칼슘, 마그네슘은 적정을 초과하였으므로 많이 주지 않도록 한다. 이 토양의 전기전도도는 0.80 dS·m로 적정범위에 속하였다.

3) 비료 추천량

이 토양의 이화학적 특성을 근거로 10a(=1,000 m^2)당 필요한 무기질(화학)비료 성분량(밑거름/웃거름)은 질소(N, 8.4 kg/6.8 kg), 인산(P_2O_5, 3.0 kg/0.0 kg), 칼리(K_2O, 11.0 kg/7.9 kg)이다. 전체 면적 4,200 m^2에 주어야 할 무기질비료를 비료 중 성분함량을 고려하여 단일비료(단비)로 줄 때, 질소/인산/칼리의 양은 요소/용성인비/염화칼륨으로는 밑거름으로 각각 76 kg/63 kg/83 kg, 웃거름으로 각각 63 kg/0 kg/55 kg이다. 같은 양을 비료 중 성분함량을 고려하여 유안/용과린/황산칼륨으로 줄 때 밑거름으로 각각 167 kg/63 kg/100 kg, 웃거름으로는 각각 137 kg/0 kg/66 kg을 준다.

같은 면적에 주어야 할 무기질비료를 복합비료(복비)로 줄 때는 질소/인산/칼리가 18-7-10인 측조로870®(상품명) 등을 밑거름으로 196 kg, 18-0-16인 NK 비료를 웃거름으로 159 kg 주어야 한다. 복합비료 추천량은 질소를 기준으로 계산되었으므로, 인산과 칼리가 부족할 때는 추가로 인산과 칼리를 주어야 한다. 여기서는 칼리가 부족하므로 부족한 칼리를 추가로 30 kg 더 주어야 한다.

비료 추천량은 무기질비료와 함께 퇴비도 주게 되어 있다. 이 토양의 이화학적 특성을 고려하여 계산된 퇴비는 전량 밑거름으로 주어야 하는데 전체 면적 4,200 m^2에 주어야 할 퇴비는 혼합 가축분퇴비로 3,199 kg이다. 혼합 가축분퇴비 대신 우분퇴비, 돈분퇴비, 계분퇴비로 줄 때 각각 8,400 kg, 1,848 kg, 1,428 kg을 주어야 한다.

III. 채소 재배에 적합한 토양 조건

텃밭에서는 다양한 채소를 재배하는데 이들 채소는 각각 재배에 적합한 토양 조건이 있다. 여기서는 텃밭에서 흔히 재배하는 작물 재배에 적합한 토양 조건을 간략하게 살펴본다.

1. 상추

상추는 토양이 건조하면 생육이 부진하며, 특히 생육 후기에 물이 많이 필요하다(**표 III-1**). 토양수분이 부족하면 상추는 칼슘결핍으로 인한 생리장해인 팁번(tip burn) 현상이 잘 나타난다. 상추는 유기물이 많고 배수가 양호한 사양토나 식양토에서 잘 자란다. 상추 재배에 적합한 토양 pH는 6.5~7.0 정도이다. 상추의 비료 요구도는 보통으로 상추는 토양의 ECe 2.0 dS/m 정도까지는 잘 견딘다.

표 III-1 상추 재배에 적합한 토양 특성

수분 요구	배수성	토성	pH	비료 요구도	ECe(dS/m)
건조: 약함	양호~약간 양호	사양토~식양토	6.5~7.0	보통, 칼슘 결핍 빈번함	2.0 이하

2. 배추

배추는 습해나 건조에 모두 약하다(**표 III-2**). 배추는 유기물이 많고 배수가 양호한 사양토나 식양토에서 잘 자란다. 토양 pH는 6.0~6.5 정도가 적당하다. 비료의 요구도는 높은 편으로 배추는 토양의 ECe 2.0 dS/m 정도까지는 잘 견딘다. 배추는 특히 경사지에 재배 시 토양유실과 침수에 주의해야 한다. 가을배추나 고랭지 배추 재배 시 가물면 칼슘결핍 증상이 많이 발생하므로 관수를 하는 것이 유리하고, 붕소의 결핍도 자주 발생한다.

표 III-2 배추 재배에 적합한 토양 특성

수분 요구	배수성	토성	pH	비료 요구도	ECe(dS/m)
습해: 약함 건조: 약함	양호~약간 양호	사양토~식양토	6.0~6.5	높음	2.0 이하

3. 오이

오이는 습해에는 강하고 토양 건조에는 약하다(**표 Ⅲ-3**). 오이는 유기물이 많고 배수가 양호한 양토나 식양토에서 잘 자란다. 토양 pH는 6.0~6.5 정도가 적당하며, 비료의 요구는 높은 편으로 토양의 ECe는 3.5 dS/m 정도까지는 잘 견딘다.

표 Ⅲ-3 오이 재배에 적합한 토양 특성

수분 요구	배수성	토성	pH	비료 요구도	ECe(dS/m)
습해: 강함 건조: 약함	양호	양토~ 식양토	5.5~7.0	높음	2.0(ECe) 이하, 0.5~1.0($EC_{1:5}$) 이하

4. 토마토

토마토는 습해에 약하고, 토양수분의 과다한 변화에 약하다(**표 Ⅲ-4**). 토마토는 유기물이 많고 배수가 양호한 사양토나 식양토에서 잘 자란다. 토양 pH는 6.0~6.5 정도가 적당하며, 비료의 요구는 높은 편이다. 토양의 ECe는 3.5 dS/m 정도까지는 잘 견딘다.

표 Ⅲ-4 토마토 재배에 적합한 토양 특성

수분 요구	배수성	토성	pH	비료 요구도	EC(dS/m)
습해: 약함 변화: 약함	양호	양토~식양토	6.0~6.5	높음	2.0(ECe) 이하, 0.5($EC_{1:5}$) 이하

5. 고추

고추는 습해에는 매우 약하고 건조에는 매우 강하다. 고추는 유기물이 많고 배수가 매우 양호한 사양토나 식양토에서 잘 자란다(**표 Ⅲ-5**). 토양 pH는 6.0~6.5 정도가 적당하며, 비료의 요구는 높은 편으로 질소가 과다하면 배꼽썩음병이 잘 발생한다. 고추는 토양의 ECe가 2.0 dS/m 이하일 때 잘 자란다.

표 Ⅲ-5 고추 재배에 적합한 토양 특성

수분 요구	배수성	토성	pH	비료 요구도	ECe(dS/m)
습해: 약함 건조: 강함	양호~약간 양호	사양토~식양토	6.0~6.5	높음	2.0 이하

6. 무

무를 재배할 때는 토양이 습하거나 건조한 조건을 피해야 한다. 무는 유기물이 많고 배수가 양호한 사양토에서 잘 자란다(**표 Ⅲ-6**). 토양 pH는 5.5~6.5 정도가 적당하며, 비료의 요구는 높은 편이나, ECe는 2.0 dS/m 정도까지 잘 견딘다.

특히 경사지에 재배 시에는 토양유실과 침수에 주의해야 한다. 가을무나 고랭지 무 재배 시 토양수분이 부족하면 석회 결핍증상도 많이 발생하므로 생육기의 적절한 물 관리가 중요하며, 붕소의 결핍이 자주 발생하므로 붕소 부족에 따른 생리장해가 발생하지 않도록 주의가 필요하다.

표 Ⅲ-6 무 재배에 적합한 토양 특성

수분 요구	배수성	토성	pH	비료 요구도	ECe(dS/m)
습해: 약함 건조: 약함	양호	사양토~식양토	5.5~6.5	높음	2.0 이하

7. 당근

당근은 토양 습해에는 약하지만, 건조에는 강하다(**표 Ⅲ-7**). 당근은 유기물이 많고 배수가 양호하며 부드러운 양토나 식양토에서 잘 자란다. 토양 pH는 6.0~6.5 정도가 적당하며, 비료의 요구는 높은 편이고, ECe는 1.5 dS/m 이상이면 일부 민감한 생육단계에서는 피해가 나타난다. 당근 재배 중 초기에 건조하다가 후기에 습해를 받으면 열근(뿌리터짐)이 많이 발생한다.

표 Ⅲ-7 당근 재배에 적합한 토양 특성

수분 요구	배수성	토성	pH	비료 요구도	ECe(dS/m)
습해: 약함 건조: 강함	양호	양토~식양토	6.0~6.5	높음	1.5 이하

8. 고구마

고구마는 건조에 비교적 강한 특성이 있으며 토성, 경사도 지하수위의 위치 등에 크게 영향을 받지 않고 광범위하게 재배할 수 있으나 생육 시기에 따른 수분의 영향은 매우 크다. 특히 꺾꽂이 전후의 강우는 활착을 원활하게 한다. 토양 통기가 좋으면 줄기와 잎의 생장은 다소 억제되지만, 고구마 비대와 전분 축적이 양호하여 수량이 많이 증가한다. 즉 고구마 재배에는 흙이 부드럽고 통기성이 좋아야 한다. 고구마는 토양산도에 대한 적응성이 커서 pH 4.2~7.0 사이에서는 생육 및 수량에 큰 차이를 보이지 않는다. 그러나 알칼리성 토양보다 산성 토양에서 고구마 수량이 많다. 고구마 재배에 알맞은 토성은 배수가 양호한 사토나 양토이다. 점토 함량이 많고 지하수위가 높은 식양토에서는 고구마의 비대가 떨어지며 껍질 색이나 식미가 나빠지기 쉬워 식용 재배에는 부적합하다. 사질토양은 통기성이 좋고 지온의 상승이 빨라 초기생육을 촉진하므로 조기에 수확하는 고구마 재배에 적당하다.

표 Ⅲ-8 고구마 재배에 적합한 토양 특성

수분 요구	배수성	토성	pH	비료 요구도	ECe(dS/m)
습해: 약함 건조: 강함	양호~약간 양호	사양토~식양토	6.0~6.5	낮음	2.0 이하

9. 참외

참외는 습해에는 매우 약하고 건조에는 매우 강하다(**표 Ⅲ-9**). 유기물이 많고 배수가 매우 양호한 사양토나 식양토에서 잘 자란다. 토양 pH는 6.0~6.5 정도가 적당하며, 비료의 요구는 낮은 편으로 질소비료를 과다하게 주면 배꼽썩음병이 잘 발생한다. 참외는 ECe가 2.0 dS/m 이하인 토양에서 잘 자란다.

표 Ⅲ-9 참외 재배에 적합한 토양 특성

수분 요구	배수성	토성	pH	비료 요구도	ECe(dS/m)
습해: 약함 건조: 강함	양호~약간 양호	사양토~식양토	6.0~6.5	낮음	2.0 이하

10. 대파

대파는 내습성이 약한 작물로 토층이 깊은 충적토나 사양토가 적당하다(**표 Ⅲ-10**). 또한 북주기를 하면서 재배하기 때문에 중점토나 배수 불량지에서는 다수확을 기대하기 어렵다. 그러나 품질에서는 다소 점질이 있는 양토에서 생산된 것이 좋다. 토양 pH는 6.0~7.4가 적당하고, 7.0에 가까운 토양일수록 생육이 잘된다. 대파가 생육하는 데에는 토양에 적당한 수분이 필요하지만, 일반적으로 토양이 과하게 습하면 뿌리의 발육과 전체적인 생육이 억제된다. 대파는 특히 육묘기를 제외하면 생육 전 기간에 걸쳐 건조에는 비교적 강하지만 과습에 매우 약하여 해를 입기 쉽다. ECe가 1.6 dS/m를 초과하는 토양에 직파하면 발아율이 떨어진다.

표 Ⅲ-10 대파 재배에 적합한 토양 특성

수분 요구	배수성	토성	pH	비료 요구도	ECe(dS/m)
습해: 약함	양호	사양토~식양토	6.0~7.4	보통	1.6 이하

11. 양파

양파는 내습성이 약한 작물로 사양토에서 식토까지 광범위한 토성에서 재배가 가능하다(**표 Ⅲ-11**). 단일조건에서 조생종을 재배할 때 짧은 기간 동안 구를 비대시켜야 하므로 사양토가 유리하고, 반면에 저장을 목적으로 재배할 때는 장기간에 구를 치밀하게 비대시켜야 하므로 보비력이 높은 식토에서 재배한다. 양파는 토양 ECe가 1.2 dS/m 이상일 때 피해가 나타나는 것으로 보고되어 있다. 양파는 산성 토양에서 생육이 매우 불량하므로 산성 토양에서 재배할 때는 pH를 6.0~7.4 정도로 교정하여 주어야 한다.

표 Ⅲ-11 양파 재배에 적합한 토양 특성

수분 요구	배수성	토성	pH	비료 요구도	ECe(dS/m)
습해: 약함	양호	사양토~식토	6.0~7.0	높음	1.2 이하

12. 마늘

마늘은 토심이 깊고 물 빠짐이 좋으면서 보수력이 있는 부식이 풍부한 점질이나 점질양토에서 통이 크고 단단하며 열구(통 터짐)도 적은 좋은 품질의 마늘이 생산된다(**표 Ⅲ-12**). 사질토, 사양토 및 화산회토에서는 식질토보다 성숙은 빠르나 인편(鱗片)을 둘러싸고 있는 외엽이 얇고 잘 벗겨지며, 구가 충실치 않아서 저장성이 약한 마늘이 생산된다. 배수가 불량하면 마늘의 품질이 나빠지고, 병해의 피해가 심하다. 가뭄에는 강한 편이나 구 비대기에 토양수분이 부족하면 피해가 심하다. 토양의 산도는 6.0~6.5가 적당하며, EC에 대한 저항성은 강한 편으로 ECe 4.2 dS/m 정도까지도 생육할 수 있다.

표 Ⅲ-12 마늘 재배에 적합한 토양 특성

수분 요구	배수성	토성	pH	비료 요구도	ECe(dS/m)
습해: 강함 한해: 강함	양호~약간 불량	양토~식양토	5.7~7.0	보통	2.0 이하

13. 시금치

시금치는 습해에 약하므로, 유기물이 많고 배수가 양호한 사양토나 식양토에서 잘 자란다(**표 Ⅲ-13**). 시금치는 토양에 대한 적응성이 높은 편이지만 산성에는 극히 약하다. 생육에 적당한 토양산도는 pH 6.5~7.0으로 pH 6.0 이하에서는 경제적 재배가 곤란하다. 토양 pH가 5.0 근처가 되면 황화 위축되어 입고병과 같은 증상이 나타난다. 질산태질소를 선호하는 작물로 암모니아태 질소를 연용하면 생육이 저조하다. pH가 낮은 토양에는 유기질비료와 인산을 충분히 시용하고, 석회를 사용하여 교정해야 한다. 시금치의 뿌리는 지상부에 비해서 상당히 장대한 발육을 하여 근계의 넓이는 1 m^2, 곧은 뿌리는 깊이 1 m에 달하고, 흡수근은 지하 30 cm 내외에 정밀하게 분포해서 왕성한 흡비력을 가지고 있으므로 토질에 대한 적응범위는 넓고, 산성 토양이 아닌 한 어느 토양에서도 잘 생육한다.

표 Ⅲ-13 시금치 재배에 적합한 토양 특성

수분 요구	배수성	토성	pH	비료 요구도	ECe(dS/m)
습해: 약함	양호	사양토~식양토	6.0~7.0	보통	2.0 이하

14. 딸기

딸기는 습해에는 강한 편이나 토양수분의 변화에는 약하다(**표 Ⅲ-14**). 딸기는 유기물이 많고 배수가 양호한 사양토나 양토에서 잘 자란다. 딸기는 토양 산성에도 강하여

pH 5.0 이상만 되면 정상적인 생육에 지장이 없지만 pH 5.0 이하의 강산성 토양에서는 속잎의 전개와 발육이 나쁘고 식물체의 위축 현상이 나타나게 되므로 강산성 토양은 피하는 것이 좋다. 비료의 요구는 많은 편이나 토양의 EC가 높지 않도록 소량으로 나누어 주는(나누어주기, 分施) 것이 유리하다. 또한 딸기의 수확량은 화아분화 후 질소 시비의 영향이 크며, 수확기에 양분흡수가 많이 된다. 염류장해의 피해도 심한 편이다.

표 Ⅲ-14 딸기 재배에 적합한 토양 특성

수분 요구	배수성	토성	pH	비료 요구도	EC(dS/m)
습해: 강함 변화: 약함	양호~약간 양호	사양토~양토	6.0~6.5	N, K, Ca 요구 많음	1.2(ECe), 0.2($EC_{1:5}$) 이하

15. 수박

수박은 습해에는 약하고 토양이 건조하다가 과다하게 되는 수분 조건 변화에 약하다. 수박은 유기물이 많고 배수가 양호한 사양토나 식양토에서 잘 자란다(**표 Ⅲ-15**). 토양 pH는 6.0~6.5 정도가 적당하며, 비료의 요구는 높은 편이나 과다 시비를 하면 착과가 잘되지 않는다. 토양의 EC는 ECe 3.5dS/m 정도까지는 잘 견딘다.

표 Ⅲ-15 수박 재배에 적합한 토양 특성

수분 요구	배수성	토성	pH	비료 요구도	EC(dS/m)
습해: 약함 변화: 약함	양호~약간 양호	사양토~식양토	6.0~6.5	높음	2.0(ECe), 0.3($EC_{1:5}$) 이하

참고문헌

농촌진흥청 국립농업과학원. 2022. 작물별 비료 사용 처방, 5차 개정본

농촌진흥청 국립농업과학원. 2023. 흙토람. https://soil.rda.go.kr

농촌진흥청 국립식량과학원. 2013. 고구마 재배 - 농업기술 길잡이 28(개정판)

농촌진흥청 국립원예특작과학원. 2019. 채소토양관리

찾아보기

한글

ㄱ

ㄷ

ㅁ

ㅂ

ㅅ

ㅇ

ㅈ

M

N

P

R

S

T

V

W